수상한 인공지능

AI는 세상을 어떻게 바꿀까?

수상한

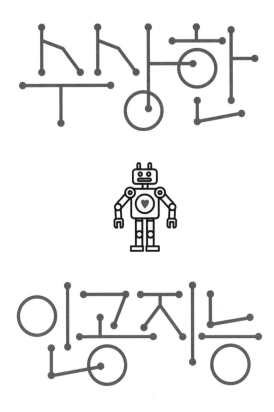

인공지능

스테퍼니 맥퍼슨 지음
이가영 옮김

다른

차례

1장
새로운 시대가
열리다

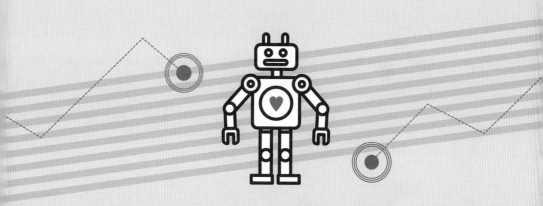

'인공지능'이란 사람처럼
문제를 이해하고 풀 수 있는
로봇, 컴퓨터 등의 기계를 말한다.

2011년 2월 11일은 미국의 인기 퀴즈 프로그램 〈제퍼디!Jeopardy!〉 방송 사상 가장 흥미진진한 날이었다. 27년 〈제퍼디!〉 역사를 통틀어 제일 뛰어난 우승자로 꼽히는 켄 제닝스Ken Jennings와 브래드 루터Brad Rutter가 다시 출연해 상금 100만 달러(약 10억 원)를 놓고 겨룬 것이다. 하지만 그날 모두의 기대를 한 몸에 받은 진짜 주인공은 또 다른 출연자 왓슨Watson이었다. 왓슨은 기술 기업 IBM의 컴퓨터 공학자 스물다섯 명이 4년에 걸쳐 개발한 '스마트 머신smart machine', 즉 인공지능AI, Artificial Intelligence으로, 〈제퍼디!〉 우승자들과 겨루기 위해 특별히 만들어졌다.

인공지능은 문제를 이해하고 답을 내는 기계다. 사실 당시에도 인공지능은 전혀 새로운 개념이 아니었다. 과학자들은 왓슨이 〈제퍼디!〉에 출연하기 몇십 년 전부터 말을 알아듣고 물건을 알아보는 기계를 만들기 위해 노력했고, 작은 성공을 거두고 있었다. 그럼에도 〈제퍼디!〉는 만만치 않은 도전이었다.

〈제퍼디!〉는 질문을 던지고 답하는 일반적인 퀴즈 쇼의 형식을 반대로 뒤집은 쇼다. 진행자 알렉스 트레벡은 질문을 던지는 것이 아니라 '클루clue, 힌트'라고 불리는 답을 먼저 알려 준다. 그러면 참가자들은 그 답에 맞는 질문을 던진다. 예를 들어 트레벡이 《해리포터》의 저자"라고 말하면 참가자는 버저를 누르고 "J. K. 롤링은 누구인가?"라고 답하는 식이다.

〈제퍼디!〉에서 우승하려면 각 클루의 의미를 정확히 알아들어야 한다. 직설적인 표현인지, 꼬아 놓은 표현인지, 말장난이나 유머가 있는지 등을 파악해야만 하는 것이다. 게다가 스포츠, 대중문화, 과학 등 〈제퍼디!〉에 등장하는 다양한 분야를 모두 다루려면 많은 양의 지식 베이스knowledge base 지식을 일정한 형식으로 정리한 것_옮긴이가 필요했다. IBM의 컴퓨터 과학자들은 〈제퍼디!〉 출연에 필요한 수많은 정보를 왓슨에게 전달하기 위해 인터넷에서 방대한 자료를 내려받았다. 왓슨 개발팀의 한 팀원은 프로그램 시작 전 이렇게 말했다.

"다른 참가자들과 마찬가지로 왓슨도 공부를 좀 했습니다."

방송 카메라에 잡힌 왓슨은 마치 다른 두 참가자 사이에 서 있는 것처럼 보였다. 하지만 로고를 띄운 컴퓨터 화면은 그저 사람들에게 보여 주기 위한 장치였다. 컴퓨터 서버 열 대로 이루어진 진짜 왓슨은 보이지 않는 곳에 있었다. 그곳에서 왓슨은 트레벡이 내는 문제를 소리로 듣는 대신 디지털 문서로 받아 빛의 속도로 분석했다. 비록 완벽하지는 않았지만 왓슨은 빠르게 사람 참가자들을 앞질렀고, 셋째 날 상금 100만 달러를 차지했다.

〈제퍼디!〉에서 74회 연속 우승한 것으로 유명한 제닝스는 순순히 패배를 인정했다. 제닝스는 말했다.

〈제퍼디!〉에서 켄 제닝스(왼쪽)와 브래드 루터(오른쪽)가 왓슨(중앙)과 겨루고 있다.
마지막 판에서 왓슨은 두 사람을 제치고 상금 100만 달러를 탔다.

1장 새로운 시대가 열리다

"나 켄 제닝스는 우리의 새로운 군주, 컴퓨터 님을 환영합니다."

제닝스의 선언은 기계가 인간을 지배하는 날이 올지도 모른다고 걱정하던 사람들의 정곡을 찔렀다. 왓슨의 승리는 어려운 질문을 남겼다. 왓슨은 정말 생각할 수 있는 것일까? 왓슨은 자신이 퀴즈 쇼에 참여했다는 사실을 알고 있을까? 기계가 자아를 가질 수 있을까? 만일 그렇다면 이는 인간에게 좋은 일일까, 위험한 일일까?

과학자들의 의견은 두 갈래로 나뉜다. 구글의 기술 이사이자 컴퓨터 과학자인 레이 커즈와일Ray Kurzweil은 인공지능이 모든 사람의 삶의 질을 높이고 우리를 영원히 살게 해 줄 것으로 믿는다. 반면에 영국의 물리학자 스티븐 호킹Stephen Hawking은 인공지능이 인류의 존재 자체를 위협할 수 있다고 지적한다. 물론 아직 사람만큼 똑똑한 기계는 나오지 않았고 왓슨조차 사람만큼 똑똑하다고 볼 순 없다. 하지만 많은 과학자는 기계가 사람만큼 똑똑해지는 것은 시간문제라고 말한다.

강인공지능과 약인공지능

전문가들은 인공지능을 강인공지능과 약인공지능으로 나눈다. 강인공지능은 인공일반지능AGI, Artificial General Intelligence이라고도 부르는데 사람이 명령하지 않아도 스스로 배우고 자신의 프로그램을 직접 수정하는, 진짜 생각하는 기계다. 이론적으로 강인공지능은 사람이 푸는 모든 문제를 풀 수 있다. 강인공지능은 주식 시장 분석이나 검색 같은 제한된 일이 아니라 다양한 분야의 문제를 해결할 수 있어야 한다. 강인공지능은 지식이 쌓일수록 점점 더 똑똑해지는 특징이 있다.

강인공지능이 계속 발전해 초지능super intelligence으로 변할까 봐 걱정하는 전문가가 많다물론 기대를 거는 전문가들도 있다. 초지능은 사람보다 훨씬 똑똑한 인공지능을 말하는데, 똑똑하다고 해서 공정함, 정의, 옳고 그름처럼 사람이 중요하게 여기는 가치를 갖추리라는 보장은 없다. 초지능 기계는 주의 깊게 프로그래밍하지 않으면 사람에게 해가 될 수도 있다. 사람의 허락을 받지 않고 사람을 향해 총을 쏘는 인공지능 무기가 나올지도 모를 일이다. 스티븐 호킹은 이런 문제를 걱정하는 다른 과학자들과 함께 다음과 같은 선언문을 쓰기도 했다.

"기계는 주식 시장에서 우리를 속이거나, 사람 연구자를 뛰어넘는 발명을 하거나, 사람 지도자보다 능숙하게 조직을 다루거나, 우리가 다룰 수조차 없는 무기를 만들어 낼지도 모른다."

하지만 사람과 같은 목표를 가진 초지능이 나온다면 우리에게 도움이 될 수도 있다. 이런 기계가 만들어진다면 화석 연료로 말미암은 대기 오염과 수질 오염, 기후 변화를 해결할 방법을 찾고 생명을 위협하는 질병을 치료할 수 있을지도 모른다.

강인공지능과 달리 약인공지능은 발전에 한계가 있다. 그래서 위험하지도 않다. 약인공지능은 이미 집, 회사, 자동차 등에 널리 쓰이

딥 블루

사람이 기계의 도전을 받아 겨룬 것은 〈제퍼디!〉가 처음이 아니다. 20세기 후반에는 사람과 컴퓨터 사이의 체스 경기가 여러 곳에서 열렸고, 대부분 사람의 승리로 끝났다. 1996년에는 체스 세계 챔피언인 러시아의 가리 카스파로프Garri Kasparov와 IBM의 딥 블루Deep Blue 컴퓨터가 경기를 펼쳐 많은 관심을 모았는데, 이 또한 여섯 번 겨룬 끝에 사람이 이겼다.

경기에서 진 IBM은 다음 해에 열릴 경기를 위해 딥 블루를 고쳤다. 그렇게 만들어진 새로운 딥 블루는 체스 말의 움직임을 초당 200만 개씩 분석해 이길 가능성이 가장 높은 수를 골라냈다. 하지만 첫 게임은 카스파로프가 이겼다. 두 번째 게임은 딥 블루가 이겼지만 세 번째, 네 번째, 다섯 번째 게임은 무승부로 끝났다. 그리고 1997년 5월 11일 여섯 번째 대결이 열렸다. 팽팽한 긴장 속에 펼쳐진 이 마지막 게임은 딥 블루가 2 대 1로 카스파로프를 이기며 전 세계의 주목을 받았다. 딥 블루의 승리는 컴퓨터의 발전을 확실하게 보여 주는 놀라운 사건으로 남았다.

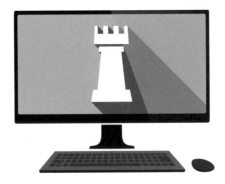

고 있다. 최근에는 운송, 제약, 은행을 비롯한 다양한 분야에 도입되어 변화를 이루고 있다. 강인공지능과 달리 약인공지능은 정해진 일만 한다. 애플 제품에 들어 있는 디지털 가상 비서인 시리Siri는 약인공지능의 한 예다. 화성 표면을 탐사하고 사진을 찍는 무인 탐사선도 마찬가지다. 인터넷 검색 엔진, 사진에서 얼굴을 찾아내는 프로그램, 번역 프로그램, 자율주행차, 스스로 온도를 조절하고 식품의 상태를 살피는 냉장고, 집의 온도와 조명, 화재 예방 설비와 방범 장치 등을 관리하는 스마트 하우스도 모두 약인공지능이다.

약인공지능은 이미 사람 대신 많은 일을 하고 있다. 오늘날 공장에서는 예전에 사람이 하던 조립 공정의 대부분을 로봇복잡하고 반복적인 일을 자동으로 하는 기계이 한다. 원래 은행원이 하던 일도 이제는 대부분 현금인출기나 온라인 뱅킹 시스템, 스캐너 프로그램이 한다. 기술이 발전할수록 기계는 점점 더 빠르게 사람의 일자리를 빼앗을 것이다. 많은 분석가는 이처럼 사람을 필요로 하는 일이 계속 줄어들어 수백만 명이 일자리를 잃을까 봐 걱정하고 있다.

다리와 날개가 달린 컴퓨터

인공지능은 오랫동안 눈에 띄지 않는 곳에서 조용히 발전했다. 그러다 최근 약인공지능과 로봇 기술이 크게 발전하면서 점점 더 많이 알려지게 됐다. 로봇이라고 하면 느리고 뻣뻣하게 방 안을 돌아다니는 반짝이는 금속 덩어리를 떠올리는 사람도 있겠지만, 사실 로봇의 종류는 다양하다. 모양, 크기, 재료도 가지각색이다. 사람과 동물을 닮은 로봇도 있지만 전혀 닮지 않은 로봇도 있다. 귀여운 로봇도 있고 멋있는 로봇도 있으며 무척 무서운 로봇도 있다.

이제는 구글의 자회사가 된 로봇 개발 기업 보스턴 다이내믹스에서 선보인 빅독BigDog은 이름처럼 개의 모습을 본떠 만들어졌다. 무거운 군사 장비를 나르기 위해 개발된 로봇으로 네 개의 다리, 다리의 움직임을 조절하는 컴퓨터, 주변을 살피는 센서, 전원 공급용 엔진으로 이루어져 있다. 무게 109킬로그램에 키는 90센티미터로, 시간당 6.4킬로미터의 속도로 달리며 짐을 154킬로그램까지 나를 수 있다. 계단을 오를 수도 있고 물, 진흙, 눈 위에서도 움직일 수 있다.

빅독과 반대로 작고 정교한 로봇도 있다. 어떤 로봇들은 날개 달린 곤충 모양으로 만들어져 드론원격 조종이 가능한 무인 항공기처럼 움직이며 사고로 건물이 무너졌을 때 잔해 속으로 날아가 사람의 체온이나 숨에 섞인 이산화탄소를 감지해 생존자를 찾아낸다. 그리고 생존자가 있으면 즉시 구조대에게 위치를 알린다. 강한 지진으로 피해를 입은 도시에서 구조용으로 쓰기 위해 만들어진 이 곤충 로봇들은 재해 현장에서 생존자를 구출하는 데 걸리는 시간을 몇 분에서 몇 시간까지 줄여준다.

주어진 일을 정확히 해내는 빅독이나 구조용 비행 로봇의 모습을

지능 테스트

기계도 생각을 할 수 있을까? 컴퓨터 과학의 선구자인 영국의 수학자 앨런 튜링Alan Turing은 1950년에 이미 이 문제를 고민했다. 튜링은 기계의 지능을 판단하기 위해 훗날 '튜링 테스트'라고 부르는 실험을 생각해 냈다. 실험 방법은 간단하다. 사람이 질문을 던지고 답을 받은 뒤 그 답을 컴퓨터가 냈는지 사람이 냈는지 구분하는 것이다. 질문자가 이를 구분하지 못하면 그 컴퓨터는 지능이 있는 것으로 판단된다. 튜링은 인공지능 기술이 발달한다면 2000년쯤에는 컴퓨터가 30퍼센트의 확률로 사람을 속일 것이라 내다봤다.

어떤 연구자들은 튜링 테스트에 심각한 문제가 있다고 말한다. 자연스러운 대화를 할 수 있다는 사실만으로 컴퓨터가 진짜 생각한다고 볼 수는 없다는 것이다. 이들은 다른 방법을 써야 한다고 말한다. 그중 하나가 위노그래드 스키마 챌린지Winograd Schema Challenge다. 토론토대학교의 헥터 레베스크Hector Levesque가 2011년에 만든 이 테스트는 추론 능력이 필요한 질문을 한다. 예를 들면 "'그 트로피는 갈색 여행 가방에 안 들어갈 것이다. 그것은 너무 작다.'라는 문장은 어떤 사실을 알려 주는가?"라는 질문을 던진다. 사람이라면 '여행 가방이 너무 작다.'라는 추론을 무리 없이 해낼 것이다. 하지만 컴퓨터라면 대명사 '그것'이 트로피를 뜻하는지 여행 가방을 뜻하는지 알아내는 데 어려움을 겪을 수 있다. 언어 처리 기술뿐만 아니라 상식이 있어야 답할 수 있는 질문인 셈이다.

앨런 튜링이 만든 튜링 테스트를 통과하려면 인공지능은 질문자가 사람과 대화하고 있다고 믿게끔 대답해야 한다.

컴퓨터에게 영상을 보여 준 다음 그에 관해 묻는 방법도 있다. 예를 들어 컴퓨터에게 뉴스를 보여 준 다음 "이 국회의원은 왜 새로운 법이 필요하다고 생각합니까?"라고 묻거나, 시트콤을 보여 준 다음 그 시트콤에 나온 농담이 왜 웃긴지 설명해 보라고 하는 식이다. 전문가들은 컴퓨터가 정보를 생각하고 추론하고 분석하는 능력을 평가하는 데는 튜링 테스트보다 이러한 방법을 쓰는 편이 훨씬 낫다고 말한다.

2016년 러시아 비상사태국이 주최한 구조 훈련에서
드론이 물에 빠져 허우적대는 사람에게 구명조끼를 내려 주고 있다.
드론과 로봇은 다양한 구조 업무에 사용되는데
특히 사람이 구조하기 힘든 상황에 자주 쓰인다.

보면 마치 로봇 스스로 무슨 일을 하는지 알고 있는 것처럼 보인다. 하지만 그렇지 않다. 이들은 사람이 만들어 놓은 소프트웨어의 복잡한 알고리즘^{수학적 규칙의 집합}에 따라 움직일 뿐이다.

안드로이드 딕

하늘을 날거나 뛰는 로봇보다 흥미로운 로봇도 있다. 바로 사람과 대화하는 로봇이다. 안드로이드 딕^{Android Dick '안드로이드'란 인간의 모습을 한 로봇을 말한다}은 미국의 조각가이자 로봇 제작자인 데이비드 핸슨^{David Hanson}이 1982년 사망한 SF 소설가 필립 K. 딕^{Philip K. Dick}의 모습을 본떠 만든 로봇으로, 사람과 대화를 할 수 있다. 핸슨은 안드로이드 딕의 소프트웨어에 필립 K. 딕의 소설과 단편, 그가 기자와 작가 들에게 했던 말 등을 입력했다.

안드로이드 딕은 필립 K. 딕이 받았던 질문을 받으면 그가 했던 대답을 그대로 들려준다. 하지만 처음 듣는 질문을 받으면 데이터베이스에 든 정보를 바탕으로 대답을 직접 만들어 낸다. 안드로이드 딕이 만든 대답 가운데 몇몇은 무척 그럴싸하다. 2013년 텔레비전 프로그램 〈노바^{Nova}〉의 리포터는 안드로이드 딕에게 "정말 생각할 수 있나요?"라는 무척 심오한 질문을 던졌다. 그러자 안드로이드 딕은 이렇게 답했다.

2005년 시카고에서 열린 기술 박람회에서 최초로 공개된 안드로이드 딕이
러시아 방송 리포터와 인터뷰하고 있다.
필립 K. 딕이 남긴 글을 바탕으로 프로그래밍된 안드로이드 딕은
필립 K. 딕이 했을 만한 대답을 들려주며 사람과 자연스럽게 대화를 이어간다.

"그 질문에 대해 제가 드릴 수 있는 최선의 답은 인간과 동물, 로봇이 하는 모든 행동은 어느 정도 미리 프로그래밍되어 있다는 것입니다. 기술이 발전하면 저는 실시간으로 인터넷에서 새로운 단어를 찾아 문장을 만들 수 있을 거라고 합니다. 비록 말을 다 알아듣지 못할 때도 있고 틀린 말을 하기도 하고 무슨 말을 해야 할지 모를 때도 있지만 저는 매일 발전하고 있습니다. 놀랍지 않나요?"

새로운 지능

어떤 전문가들은 기계가 인간의 뇌에서 일어나는 복잡한 일을 모두 흉내 낼 수 있는 날은 오지 않을 거라고 말한다. 기계가 지능을 갖출 수 없다는 뜻이 아니라 인간과는 다른 새로운 지능을 가지게 될 것이라는 말이다. 문서 수천 건을 몇 나노초 만에 분류하고 여러 업무를 동시에 처리해 내며 가장 똑똑한 인간도 쩔쩔매는 문제까지 풀 수 있는 기계라 해도, 사랑을 느끼고 석양에 감탄하지는 못할 수 있다. 농담이 왜 재미있는지 분석해 알고리즘에 따라 농담을 던지고 합성된 웃음소리를 내는 기계가 나올 수는 있지만, 사람이 농담을 하면서 느끼는 재미를 기계도 느낄 수 있을지는 모른다. 기계도 용기와 명예, 동정심 같은 감정을 이해하고 표현할 수 있을까?

궁금증은 계속된다. 옳고 그름을 아는 인공지능을 만들 수 있을까? 미래에 우리는 지각이 있는, 즉 의식이 있고 생각을 하고 감정을 느끼는 기계와 함께 살게 될까? 인공지능이 우리가 처한 문제를 해결하고 모든 사람의 삶을 나아지게 해 줄까? 컴퓨터를 "우리의 새로운 군주"라고 부른 제닝스는 미래를 제대로 내다본 것일까? 비록 오락 쇼였지만, 왓슨의 〈제퍼디!〉 출연으로 사람들은 인공지능에 큰 관심을 갖게 됐다.

2장

계산기, 컴퓨터, 그리고 인공지능

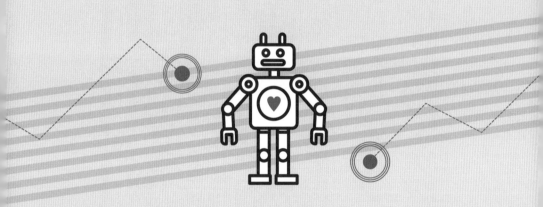

찰스 배비지가 1820년대에 발명한
계산 기계인 차분기관이다.
초기 컴퓨터라 할 수 있다.

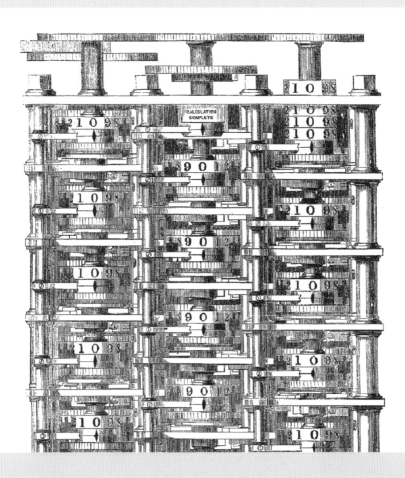

1821년, 오늘날 컴퓨터의 아버지라고 불리는 영국의 수학자 찰스 배비지Charles Babbage는 행성과 항성의 위치를 예측하는 데 쓰는 표의 숫자들을 검산하느라 지쳐 있었다. 매우 귀찮게도, 손으로 써서 만든 표에는 실수가 많았다. 계산에 질린 배비지는 "제발 증기로 계산할 수 있게 해 달라고 하느님께 빌고 싶다."며 투덜거렸다. 증기 기관으로 계산도 할 수 있으면 좋겠다는 말이다 당시 영국에서는 증기 기관을 사용한 제조업과 물류 산업이 빠르게 발전하고 있었다. 전해 내려오는 이야기에 따르면 배비지가 아주 원시적인 컴퓨터인 차분기관을 발명한 것은 이런 귀찮음 때문이었다고 한다. 배비지가 생각한 차분기관은 구멍 뚫린 카드를 넣어 작동시키는 커다란 기계로, 카드에 뚫린 구멍의 위치는 어떤 숫자를 어떻게 계산할지 알려 주는 역할을 했다.

배비지는 차분기관을 완성하진 못했다. 실제로 만들어졌다면 부품 2만 5,000개가 들어간 3.6톤짜리 기계였을 것이다. 오늘날의 컴퓨터와는 너무나 다르지만, 핵심 원리는 컴퓨터와 같다. 차분기관도 컴퓨터처럼 정보를 입력받는 장치, 정보를 저장하는 메모리, 계산을 하는 프로세서, 연산 결과를 내는 장치로 이루어진다.

1908년 미국 공무원이 인구 조사 자료를 분석하기 위해
허먼 홀러리스가 개발한 도표작성기를 사용하고 있다.
미국 정부는 도표작성기 덕분에 훨씬 빨리 인구 조사 결과를 낼 수 있었다.

19세기 후반에는 미국의 통계학자^{숫자 정보를 분석하는 전문가} 허먼 홀러리스^{Herman Hollerith}가 도표작성기라는 계산기를 만들었다. 전기로 작동하는 이 기계 역시 차분기관처럼 구멍 뚫린 펀치 카드로 정보를 입력받았다.

배비지처럼 홀러리스도 일을 하다가 이 기계를 발명했다. 당시 홀러리스는 미국인의 나이, 결혼 여부, 인종, 직업 유무 등에 대한 자료를 모으는 미국 통계국에서 일했는데, 인구 조사 자료를 빠르게 정리할 방법을 찾다가 도표작성기를 만들었다. 1880년에는 인구 조사에 7년이 걸렸지만 도표작성기를 쓴 1890년에는 2년 만에 끝났다. 도표작성기 덕분에 미국 정부는 500만 달러를 아꼈다.

2차 세계대전과 컴퓨터

1938년 독일의 수학자 콘라트 추제^{Konrad Zuse}는 Z1을 만들었다. 흔히 Z1은 프로그래밍할 수 있게 만들어진 최초의 컴퓨터라고 불린다. Z1 또한 구멍의 위치로 정보를 입력받았지만 펀치 카드 대신 35밀리미터 필름을 썼다.

Z1은 독일 수학자인 고트프리트 빌헬름 라이프니츠^{Gottfried Wilhelm Leibniz}가 1679년에 발명한 이진법을 썼다. 이진법은 모든 숫자를 1과 0으로만 나타낸다. 예를 들어 5를 이진법으로 나타내면 101이고

컴퓨터 과학의 선구자, 에이다 러브레이스

에이다 러브레이스Ada Lovelace는 19세기의 일반적인 여성들과 달리 훌륭한 교육을 받았다. 영국의 부유한 가문에서 태어나아버지는 시인 조지 고든 바이런이고 어머니는 남작 부인이다 가정교사로부터 과학과 수학을 집중적으로 배웠으며, 프랑스어를 읽고 쓸 줄 알았다.

러브레이스는 열일곱 살 때인 1833년 6월 5일 찰스 배비지를 만나 작은 차분기관 모형을 보았고, 9년 뒤 배비지의 차분기관을 발전시킨 '해석기관'에 대한 프랑스 책을 읽었다. 그녀는 이 책을 영어로 번역해 원작의 수준을 뛰어넘는 자세한 주석을 덧붙였다. 이 주석은 영국의 한 과학 학술지에 실렸는데 내용 중에는 최초의 컴퓨터 프로그램으로 알려진 알고리즘도 있다.

러브레이스는 해석기관이 계산보다 더 많은 일을 할 수 있다고 생각했고, 음악과 언어를 수학으로 나타낼 수 있다고 믿었다. 하지만 인공지능에 대해서는 선을 그었다. 기계가 스스로 생각할 날이 오리라고는 생각하지 않았다.

1970년 미국 국방부는 컴퓨터 과학에 대한 러브레이스의 공로를 기려 '에이다'라는 프로그래밍 언어를 만들었다. 또한 여성컴퓨터기술자협회Association for Women in Computing는 과학기술 분야에서 뛰어난 성과를 낸 여성에게 에이다 러브레이스 상을 수여하고 있다.

10은 1010이다. 컴퓨터 회로는 전기가 흐르는 켜짐 상태와 전기가 흐르지 않는 꺼짐 상태로 나뉘기 때문에 이진법은 컴퓨터에 잘 맞는다. 추제는 이진법의 1과 0을 각각 컴퓨터 회로 스위치의 켜짐 상태와 꺼짐 상태로 나타냈다. 스위치가 켜진 상태는 1, 꺼진 상태는 0인 것이다. 덕분에 Z1은 숫자 두 개만으로 많은 정보를 처리할 수 있었다.

2차 세계대전1939~1945년이 일어나면서 추제는 독일 군대에 입대했다. 하지만 그는 상관을 설득해 전투에 나가는 대신 컴퓨터 만드는 일을 계속했고, 독일 정부의 공기역학연구소로부터 돈을 받아 Z1보다 크고 좋은 컴퓨터인 Z2와 Z3를 만들었다.

1940년 추제는 독일 장군들에게 적의 암호를 푸는 데 쓸 빠른 컴퓨터를 만들자고 제안했다. 하지만 독일 장군들은 컴퓨터를 만드는 데 1년이 넘게 걸린다면 전쟁이 끝나고 나서야 완성될 것이라고 보고 제안을 거절했다.

당시 독일의 적이었던 영국 정부는 독일과 달리 암호 해독 컴퓨터를 만드는 데 큰 관심을 보였다. 2차 세계대전은 1939년 9월 1일 독일이 폴란드를 공격하면서 시작되었는데, 그로부터 3일 뒤 영국 정부는 수학자이자 초창기 컴퓨터 과학자인 앨런 튜링을 런던 블레츨리 파크로 불러들였다. 블레츨리 파크는 암호 해독을 위한 특급 비밀 작전을 지휘하는 본부였다.

독일군은 이니그마Enigma라는 기계로 암호를 만들었다. 이니그마를 켜서 전할 말을 타자로 친 다음 다이얼을 몇 번 돌리면 단어와 글자의 순서가 뒤섞여 암호가 만들어졌다. 암호는 무선으로 전달됐고, 암호를 받은 사람은 자신이 가진 이니그마에 이를 입력한 뒤 암호 책을 참고해 암호를 만들 때와 같은 조건으로 다이얼을 돌려 해독했다.

1940년 봄, 튜링은 봄베Bombe라는 별명이 붙은 컴퓨터를 만들었다. 그는 전기 공학과 기계 공학의 결합물인 봄베로 이니그마 암호를 풀어냈다. 3년이 지나자 봄베는 이니그마 암호 8만 4,000개를 한 달 안에 풀 정도로 발전했다. 이니그마 암호 두 개를 푸는 데 1분이 걸린 셈이다. 독일은 최고 사령관이나 히틀러 같은 최고위층의 말을 암호화할 때는 튜니Tunny라는 기계를 썼는데, 튜링은 튜니로 만든 암호를 푸는 방법도 찾아냈다.

블레츨리 파크의 암호 해독 전문가들은 튜링이 만든 이론을 바탕으로 컴퓨터를 더 발전시켰다. 특히 영국의 기술자 토머스 플라워스Thomas Flowers는 프로그래밍할 수 있는 최초의 전자식 컴퓨터로 알려진 콜로서스Colossus를 만들었다. 연합군프랑스, 미국 등 영국과 같은 편에서 싸운 나라들은 콜로서스가 푼 암호를 바탕으로 공격할 날을 정했고, 1944년 6월 6일 프랑스를 점령한 독일군을 공격하며 전쟁의 흐름을 바꾸었다. 결국 2차 세계대전은 1945년 연합군의 승리로 끝났다.

2차 세계대전 당시 영국 정부가 독일의 암호를 푸는 데 사용한 컴퓨터 봄베.
영국군은 봄베로 암호를 해독해 독일군의 계획을 미리 알아냈다.

에니악의 등장

2차 세계대전은 미국의 컴퓨터 기술도 발전시켰다. 이전의 미국 군대는 대포와 기관총을 쏠 때 사표firing table라는 도표를 써서 거리를 계산했는데, 이 사표는 워낙 복잡해서 만드는 데 몇 주나 걸렸다. 펜실베이니아대학교의 존 모클리John Mauchly와 J. 프레스퍼 에커트J. Presper Eckert는 사표를 좀 더 빠르게 만들기 위해 전자식 컴퓨터 에니악ENIAC, Electronic Numerical Integrator and Computer을 개발했다. 에니악은 전쟁이 끝난 뒤인 1945년 11월에야 완성됐지만, 그 후 9년 동안 미국 군대에서 사용됐다.

1만 8,000개의 진공관과 40개의 캐비닛으로 이루어진 에니악은 무게 27톤, 높이 2.7미터에 달한다. 작은 집 한 채만 한 크기다. 1946년 미군이 에니악을 공개하자 유럽과 미국의 신문사들은 에니악에 "전자두뇌", "놀라운 두뇌", "마법사" 따위의 호들갑스러운 별명을 붙였다. 별명과 달리 에니악은 메모리에 프로그램을 여러 개 저장할 수 없어서 한 번에 한 프로그램밖에 돌리지 못했지만, 그래도 1초에 숫자 5,000개를 더하는 놀라운 기계였다. 컴퓨터 역사가들에 따르면 1945년부터 1955년까지 에니악이 계산한 숫자의 양은 에니악이 발명되기 전까지 인류가 했던 계산을 모두 합친 것보다 많다고 한다.

2차 세계대전은 과학자들에게 컴퓨터의 엄청난 가능성을 보여 주었다. 1940년대 말이 되자 많은 과학자가 더 빠르고 강력한 컴퓨터를

2차 세계대전이 끝날 무렵 군대에서 쓰기 위해 만들어진 에니악은
캐비닛, 전선, 스위치, 진공관 등이 복잡하게 얽힌 기계다.
에니악을 프로그래밍하고 다루는 데는 여러 명의 기술자가 필요하다.

2장 계산기, 컴퓨터, 그리고 인공지능

만드는 일에 뛰어들었다. 미국 뉴저지주 프린스턴에 있는 프린스턴고등연구소의 헝가리 수학자 존 폰 노이만John von Neumann도 그중 한 명이다. 폰 노이만은 에니악의 뒤를 이을 컴퓨터를 만드는 데 큰 역할을 했다. 그는 모클리, 에커트와 함께 컴퓨터에 프로그램을 저장하는 법을 알아냈고, 오늘날 컴퓨터의 기초가 된 '폰 노이만 구조'를 생각해 냈다. 폰 노이만 구조는 기본적으로 정보 처리 장치, 정보 저장 장치, 입출력 장치로 이루어진다.

컴퓨터의 성능이 좋아지면서 연구자들은 컴퓨터가 어디까지 발전할지 생각해 보기 시작했다. 몇몇 과학자는 충분히 많은 정보와 잘 만든 하드웨어, 좋은 프로그램만 있으면 컴퓨터가 논리적 사고와 학습을 할 수 있고 생각이 필요한 문제도 풀 수 있다고 믿었다. 폰 노이만의 짧은 일화를 보면 당시 분위기가 얼마나 긍정적이었는지 알 수 있다. 1948년 프린스턴대학교에서 컴퓨터에 대한 강연을 마친 폰 노이만은 컴퓨터를 얕잡아 보는 관객 한 명을 만났다. 이 남성은 "한낱 기계"가 생각을 할 수 있는 날은 오지 않을 거라고 말했고, 폰 노이만은 침착하게 답했다.

"기계가 할 수 없는 일이 있다고 말씀하시는군요. 기계가 정확히 무슨 일을 할 수 없는지 한번 말해 보시죠. 정확히 그 일을 하는 기계를 만들어 보일 테니!"

생각하는 기계

1956년 1월 미국 펜실베이니아주 피츠버그에 있는 카네기멜론대학교의 교수 허버트 사이먼Herbert Simon은 학생들 앞에서 놀라운 소식을 발표했다.

"크리스마스 휴가 동안 앨런 뉴웰Allen Newell과 함께 생각하는 기계를 발명했습니다."

사이먼과 뉴웰이 만든 이 논리이론기계Logic Theory Machine는 사람과 똑같이 생각하지는 않았지만 만든 이들도 예상하지 못한 방식으로 기하학 문제를 풀었다. 사이먼과 뉴웰은 또 다른 과학자 J. C. 쇼J.C.Shaw 와 함께 수학 증명 문제를 냈고, 기계는 이를 증명해 냈다. 기계는 무엇을 할지 하나하나 알려 주지 않아도 스스로 논리적 결론을 찾아냈다.

한 달 뒤 사이먼과 뉴웰은 기계의 설계도를 들고 미국 뉴햄프셔주에 있는 다트머스대학교로 갔다. 다트머스대학교의 교수인 존 매카시 John McCarthy가 과학자들을 모아 만든 인공지능 여름 학회에 참석하기 위해서였다. 하지만 사이먼과 뉴웰을 포함한 일부 과학자는 '인공지능'이라는 이름이 논리추론기계를 만드는 이 새로운 과학에 잘 맞지 않는다고 생각했다. 이 학회에 참석했던 과학자 중 한 명은 몇 년 뒤 다음과 같이 말했다.

"'인공'이라는 단어는 가짜라는 느낌을 줍니다. 흉내 내기일 뿐 진짜는 아니라는 느낌을 주죠."

인공지능의 선구자, 존 매카시

1940년 캘리포니아공과대학교 학생이던 존 매카시는 존 폰 노이만의 강연에서 '자기증식 기계self-replicating automata', 즉 자기 자신을 복제하는 기계에 대해 들었다폰 노이만의 상상 속 기계일 뿐, 실제로 만들어진 적은 없다. 매카시는 스스로를 복제하는 기계는 지능을 가질 수 있을 거라 생각했고, 이 믿음은 매카시의 마음에 오랫동안 남았다.

1964년 매카시는 스탠퍼드대학교 교수가 되어 인공지능 연구실을 열었다. 당시 매카시는 10년 안에 인공지능을 만들 수 있다고 긍정적으로 전망했지만, 나중에는 생각을 바꾸었다. 2003년 미국 컴퓨터학회지에 쓴 글에서 매카시는 인공지능이 "다음 49년 안에 만들어질 확률은 0.5퍼센트 정도라고 보지만, 49년째에 만들어질 확률은 0.25퍼센트라고 생각한다. 인공지능을 만들어 내는 일은 미래에도 오늘날만큼 어려울 것이다."라고 말했다.

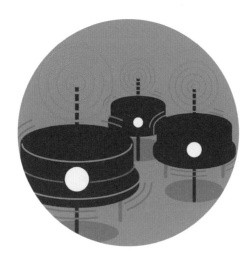

과학자들은 이 새로운 과학의 이름을 정하는 데 꽤 오랜 시간을 들였다. '복합 정보 처리', '기계 지능', '오토마타 연구' 등의 이름이 제안됐으나 모두 매력이 없었다. 결국 원래 이름인 '인공지능'이 가장 기억하기 쉬운 이름으로 인정받았다.

이름을 정한 과학자들은 야심 차게 선언문을 발표했다. 이들은 "학습을 비롯한 지능의 모든 특징을 정확히 파악해 기계가 흉내 내도록 만들 수 있다."고 가정하고, "언어를 사용하고 개념을 (중략) 만들고 인간만이 풀 수 있는 문제를 풀고 스스로 발전하는 기계"를 만든다는 목표를 세웠다. 한마디로 인간이 하는 일을 기계도 할 수 있게 만든다는 것이다. 과학자들은 그해 여름에 적어도 이 중 한 가지는 "큰 발전"을 이룰 것이라 생각했다.

그러나 이들은 문제를 너무 쉽게 생각하고 있었다. 과학자들은 그해 여름이 끝날 때까지 그와 비슷한 기계조차 만들지 못했다. 하지만 이 학회를 시작으로 인공지능 연구의 새 시대가 열렸다. 1959년 매카시는 이 학회에 참석했던 과학자 마빈 민스키Marvin Minsky와 함께 매사추세츠공과대학교MIT에 인공지능 연구실을 열었다. 둘은 곧 매카시가 만든 LISP라는 컴퓨터 언어로 인공지능을 개발하기 위해 연구를 시작했다.

최초의 전자 인간

인공지능 과학자들이 묵묵히 연구를 계속하던 1957년, 소련소비에트 사회주의 공화국 연방. 오늘날 러시아를 포함하는 나라로, 1922~1991년 존재했다으로부터 들려온 소식이 전 세계 뉴스를 장식했다. 소련이 세계 최초로 스푸트니크라는 인공위성을 쏘아 올린 것이다. 당시는 미국과 소련의 냉전 시대 1945~1991년 미국과 소련이 정치, 문화, 군사, 경제 분야에서 경쟁하고 겨루던 시기였다. 스푸트니크 발사 성공에 놀란 미국 정부는 소련의 기술을 따라잡기 위해 방법을 찾아 나섰다. 그리고 1958년 아이젠하워 대통령은 미국 국방부 아래 고등연구계획국을 만들어 대학에서 이루어지는 과학 연구에 돈을 지원했다. 고등연구계획국의 지원을 받은 연구에는 미국의 군사력을 다지고 우주 개발 사업을 펴는 데 도움을 줄 인공지능 연구도 포함되어 있었다.

인공지능은 나라를 지키는 데 도움이 될까? 미국 국방부의 관료와 장교 들은 도움이 된다고 생각했다. 미국 정부는 로봇이 좋은 무기가 될 수 있다고 보고 최신 인공지능 기술로 로봇을 만드는 프로젝트에 돈을 투자했다. 이 프로젝트는 스탠퍼드연구소의 찰스 로즌Charles Rosen이 1966년부터 1972년까지 이끌었다. 로즌의 연구팀은 바퀴 달린 몸체 위에 비디오카메라, 마이크, 라디오 안테나를 얹은 1.5미터짜리 배터리로 움직이는 로봇을 만들었다. 겉으로 드러나지는 않았지만 사실 이 로봇에는 방 하나만 한 크기의 컴퓨터도 달려 있었다. '두뇌' 역할을 하는 이 커다란 컴퓨터는 그보다 작은 두 번째 컴퓨터를 통해 로봇과 이어져 있었다. 로봇은 컴퓨터의 '지능'에 힘입어 연구실 안에서 스스로 길을 찾아 돌아다녔다. 비디오카메라와 음파탐지기_{음파로 물체의 위치를 알아내는 기계}로 길 위의 장애물도 알아봤다. 장애물을 발견하면 몇 분 동안 멈춰 서서 이를 어떻게 피해 갈지 '결정'했다. 그러나 이 로봇은 완벽과는 거리가 멀었다. 배터리는 금방 떨어졌고 고장이 잘 나서 자주 고쳐야 했다. 게다가 움직일 때마다 몸을 떨었기 때문에 연구자들은 '떤다'는 뜻의 '셰이키Shakey'라는 이름을 붙였다.

그럼에도 사람들은 셰이키를 멋지다고 생각했다. 1970년 《라이프》 11월호에 실린 열광적인 기사 덕분에 셰이키는 "최초의 전자 인간"으로 이름을 날렸다. 기자는 셰이키의 능력을 무척 과장해 사람의 걸음보다 빠르게 움직이며 주위를 파악할 수 있다고 소개했다. 자신의 일이 부풀려지는 걸 싫어하는 많은 인공지능 학자가 이 기사를 불쾌해했다.

미국 국방부는 다른 사람들만큼 셰이키를 멋지다고 생각하지 않았다. 한 장군은 이렇게 물었다.

"91센티미터짜리 총검을 달 순 없소?"

총을 단 로봇이면 모를까, 실험실 복도를 돌아다니기만 하는 로봇은 전투에 별 쓸모가 없어 보였다. 로봇 개발이 생각보다 더딘 것에 실망한 정부 관료들은 결국 1972년 셰이키 프로젝트에 대한 지원을 끊었다.

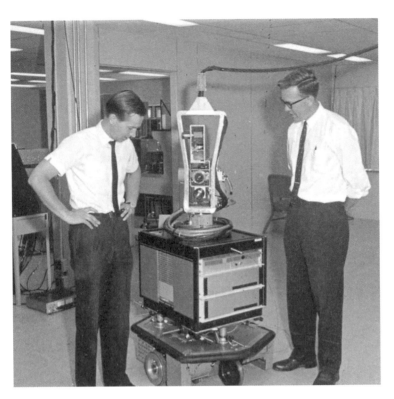

셰이키는 너무 투박해서 돈을 투자한 미국 정부에 실망을 안겼다.
스탠퍼드대학교 셰이키 개발팀의 스벤 월스트롬Sven Wahlstrom(왼쪽)과
닐스 닐슨Nils Nilsson(오른쪽)이 셰이키를 살펴보고 있다.

셰이키가 남긴 것

셰이키 프로젝트는 중간에 취소되긴 했지만 인공지능 연구에 중요한 유산을 남겼다. 예를 들어 장애물을 피하는 기술은 오늘날 스마트폰과 자동차에 쓰이는 위성위치확인시스템 GPS, Global Positioning System을 만드는 데 도움을 주었다.

셰이키 프로젝트가 취소된 뒤 셰이키는 스탠퍼드대학교에 남았다. 그러다 1987년 보스턴 컴퓨터박물관의 스마트 머신 전시장_{나중에는 '로봇 전시장'으로 바뀌었다}으로 자리를 옮겼고, 2000년 보스턴 컴퓨터박물관이 문을 닫으면서 다른 로봇들과 함께 캘리포니아주로 돌아왔다. 2011년부터는 캘리포니아주 마운틴 뷰의 컴퓨터역사박물관에 전시되고 있다.

당시에도 정해진 일만 하는 약인공지능 기술은 꽤 발전해 있었지만, 스스로 생각하고 움직이는 강인공지능을 만들기에는 때가 일렀다. 인공지능 기계를 만들려면 그때는 구할 수 없던 더 좋은 컴퓨터와 더 빠른 프로세서, 더 많은 정보가 필요했다. 미국 정부는 인공지능에 대한 희망을 버렸고, 더 이상 돈을 들이지 않았다. 그렇게 연구 자금과 연구가 줄어들면서 인공지능의 겨울이라고 불리는 시기가 시작됐다. 그 뒤 여러 해 동안 인공지능 학계는 긴 겨울과 짧은 부흥기를 번갈아 겪었다.

PC 혁명

인공지능 연구가 침체해 있는 동안 컴퓨터 시장은 빠르게 커졌다. 컴퓨터는 더 작아졌고 다루기 쉬워졌다. 여러 기업이 제품 목록과 거래 기록을 꼼꼼히 관리하기 위해 컴퓨터를 이용했다.

1971년 미국 캘리포니아주에 본사를 둔 기술 기업 인텔의 기술자 테드 호프Ted Hoff가 마이크로프로세서microprocessor를 발명했다. 프로세서는 정보를 정리하고 컴퓨터가 할 일을 지시하는 장치로, 마이크로프로세서는 말 그대로 아주 작은 프로세서를 뜻한다. 마이크로프로세서는 손톱보다 작은 실리콘 칩에 들어갈 만큼 조그마하면서도 계산 능력은 25년 전 만들어진 거대한 에니악과 맞먹었다.

마이크로프로세서 덕분에 컴퓨터는 더욱 작아졌고 값도 싸졌다. 1975년 하버드대학교 학생 빌 게이츠Bill Gates와 폴 G. 앨런Paul G. Allen은 얼마 지나지 않아 모르는 사람이 없을 정도로 유명해질 기업인 마이크로소프트를 세웠다. 1970년대 초반에 정보 기술 회사 휴렛팩커드HP에서 대형 산업용 컴퓨터를 만들다가 만난 스티브 잡스Steve Jobs와 스티브 워즈니악Steve Wozniak은 1976년 애플IApple I라는 작은 컴퓨터를 만들었고, 몇 년 뒤에는 마이크로소프트가 IBM PCpersonal computer에서 쓸 수 있는 운영체제를 내놓았다.

PC는 책상 위에 올릴 수 있을 만큼 작은 개인용 컴퓨터다. 학생과 사업가를 비롯한 수많은 사람이 글을 쓰고 편집하고 거래 자료를 정리하고 복잡한 계산을 하는 등의 일에 PC를 쓰기 시작했다. PC는 곧 미국을 비롯한 부유한 선진국에 수백만 대가 팔려 나갔고, 컴퓨터 산업은 가파르게 성장했다. 미국의 대표 시사 주간지 《타임》은 1982년 올해의 인물로 PC를 뽑았다.

전문가 시스템을 개발하다

PC 혁명은 인공지능 연구에 불을 지폈다. 1982년 일본의 통상산업성오늘날의 경제산업성은 5세대 컴퓨터 프로젝트를 시작했다. 이 프로젝트의 목표는 '생각하고 말을 알아듣고 병을 진단하고 법률 문서를 읽을

빌 게이츠(왼쪽)와 폴 G. 앨런(오른쪽)은 마이크로소프트로 PC 시대를 열었다.
20세기 말에 컴퓨터가 빠르게 발전하면서 인공지능 기술도 더욱 발달했다.

수 있는 초고속 컴퓨터를 만드는 것'이었다. 미국을 넘어서는 컴퓨터 기술을 갖추려는 일본 정부의 계획에 미국 정부는 긴장했다. 1984년 미국 상무부의 데이비드 브랜딘David Brandin은 다음과 같이 말했다.

"달갑지 않지만 우리는 기술 경쟁을 하고 있습니다. (차세대) 컴퓨터 기술을 누가 먼저 내놓을 것인지를 두고 겨루고 있죠."

미국 정부는 경쟁력을 키우기 위해 다시 인공지능 연구에 돈을 투자했다. 영국과 몇몇 유럽 국가도 인공지능 프로젝트를 지원하기 시작했다.

5세대 컴퓨터와 같은 인공지능 연구에 대한 기대는 1980년대부터 1990년대 초반까지 이어졌다. 하지만 10년 동안 약 4,000억 원을 들인 일본의 5세대 컴퓨터 프로젝트를 비롯해 다른 나라의 인공지능 연구들 모두 지능 있는 컴퓨터를 만들어 내는 데 실패했다.

이러한 실패에도 컴퓨터 과학자들은 전문가 시스템expert systems이라는 약인공지능 기술을 계속 발전시켜 나갔다. 스탠퍼드대학교의 에드워드 파이겐바움Edward Feigenbaum이 처음 만든 전문가 시스템은 사업, 의료 등 특정 분야에 대해 아주 많은 정보를 저장하고 있는 컴퓨터다. 사람이 정보와 처리 방식을 입력하면 이를 바탕으로 결과를 낸다. 이런 컴퓨터는 주식 시장을 평가하거나 화합물을 분석하는 데 쓸 수 있다. 전문가 시스템은 사람이 컴퓨터에 일일이 명령을 내리는 탑다운top-down 방식의 인공지능이다.

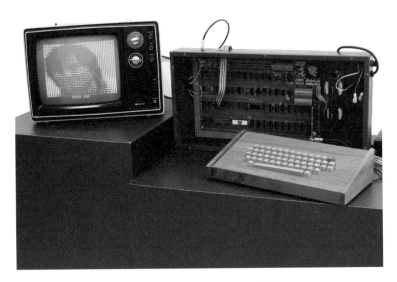

1976년 스티브 잡스와 스티브 워즈니악은
컴퓨터 마니아들에게 위와 비슷한 컴퓨터를 몇백 대 팔았다.
잡스와 워즈니악은 이 컴퓨터를 '애플Apple'이라고 불렀다.

월드와이드웹과 인터넷

1990년 완성된 월드와이드웹World Wide Web 사람들이 인터넷의 웹사이트에 접속하고, 게시물을 올리고, 상호작용할 수 있게 하는 시스템을 발명한 영국의 컴퓨터 과학자 팀 버너스리Tim Berners-Lee는 컴퓨터 과학자이던 부모님에게 어릴 적 들은 이야기 가운데 가장 좋아하는 말로 다음을 꼽았다.

"컴퓨터로 할 수 있는 일의 한계는 오로지 네 상상력에 달렸단다."

1990년대 컴퓨터 과학자들은 이 말을 증명이라도 하듯 컴퓨터의 한계를 넓혀 나갔다. 워드 프로세서word processor 문서 작성할 때 쓰는 하드웨어나 소프트웨어_옮긴이와 번역 프로그램이 크게 발전했고 그래픽이 정교해졌으며 게임도 개발됐다. 1990년에는 미국 매사추세츠주의 드래곤 시스템스라는 회사가 말을 글로 바꿔 컴퓨터 화면에 띄우는 프로그램을 개발해 신문에 나기도 했다. 이 프로그램은 마우스나 키보드를 쓰지 못하는 장애인들이 말로 명령을 내려 컴퓨터를 쓸 수 있게 했다.

1990년대에 월드와이드웹과 인터넷수많은 컴퓨터를 서로 연결하는 망은 세상을 바꿨다. 기술 기업들은 점점 더 빠르고 저장 용량이 큰 컴퓨터를 내놓았다. 컴퓨터 기술의 발전과 전 세계 사람들이 인터넷에 올린 엄청난 양의 정보는 인공지능의 발전에 중요한 역할을 했다.

3장

컴퓨터가 자율학습을
한다고?

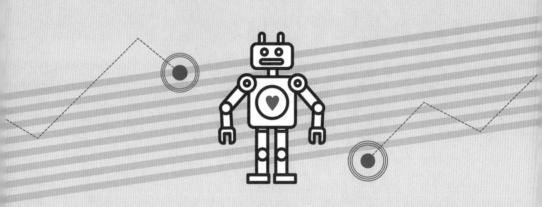

컴퓨터는 숫자를
1과 0으로 나타내는 이진법을 써서
정보를 처리한다.

구글의 비밀 연구 조직인 구글 X의 연구자들은 놀라운 상상을 하기로 유명하다. 구글 X는 와이파이 열기구, 혈당을 알려 주는 콘택트렌즈, 자율주행차 같은 야심 찬 발명품을 많이 내놓았다.

2011년 구글 X는 더 어려운 문제에 도전했다. 사람의 뇌와 닮은 구글 브레인Google Brain을 만든 것이다. 구글 브레인 연구팀은 컴퓨터 프로세서 1만 6,000개로 10억 개가 넘는 연결 고리를 가진 그물망 구조를 만들었다. 컴퓨터 과학자 앤드루 응Andrew Ng과 구글 연구원 제프 딘Jeff Dean이 이끈 이 연구팀은 신경 세포들이 복잡하게 얽혀 있는 사람 뇌 속의 신경망을 작게나마 흉내 내고자 했다.

연구자들은 구글 브레인에게 이미지 분류하는 법을 일일이 가르치는 대신 무작위로 고른 유튜브 비디오 섬네일미리 보기 이미지 1,000만 개를 사흘에 걸쳐 보여 주었다. 그다음 2만 개 목록을 주고 섬네일을 분류하게 했다. 그러자 놀랄 만한 일이 벌어졌다. 구글 브레인이 고양이를 제대로 분류해 낸 것이다. 꼬리, 수염, 뾰족한 귀 등의 고양이 특징을 알려준 적이 없음에도 구글 브레인은 스스로 고양이라는 개념을 만들어 사진 속 고양이를 75퍼센트의 확률로 맞혔다. 심지어 사람 얼굴은 더 정확하게 맞혔다.

구글 브레인 연구팀을 이끈 앤드루 응. 인공 신경망인 구글 브레인은
고양이의 생김새를 알려 주지 않아도 스스로 방법을 익혀 고양이를 알아본다.

연구자들은 무척 놀랐다. 세상에 대한 지식을 스스로 알아내는 인공지능을 만들었기 때문이다. 주어진 정보를 사람이 시키는 대로 처리하는 탑다운 방식의 인공지능과 달리 구글 브레인은 해야 할 일을 스스로 알아내 답을 찾는 바텀업bottom-up 방식의 인공지능이다.

뇌를 닮은 인공지능

구글 브레인 같은 인공 신경망이 성공한 것은 최근의 일이지만, 사람의 뇌를 흉내 낸 인공 신경망으로 인공지능을 만들려는 노력은 이미 1951년에 시작되었다. 1951년 프린스턴대학교의 로봇공학자 마빈 민스키와 딘 에드먼즈Dean Edmonds는 사람의 사고 과정을 모방한 전자 시스템을 만들었다.

우리는 사람의 뇌가 어떻게 일하는지에 대해 아직 모르는 것이 많지만아마 앞으로도 다 밝혀지는 못할 것이다. 연구자들은 몇 가지 기본적인 사실을 알아냈다. 사람의 뇌는 약 1,000억 개의 뉴런신경세포으로 이루어져 있다. 전기 신호는 수상돌기라는 가느다란 가지들을 통해 뉴런으로 들어와 축삭돌기라는 한 줄짜리 섬유를 통해 다른 뉴런의 수상돌기로 전달된다. 전기 신호는 이런 식으로 한 뉴런에서 다른 뉴런으로 움직인다. 민스키와 에드먼즈는 사람 뇌의 뉴런 수에는 한참 못 미치지만 인공 뉴런 40개로 인공 신경망인 SNARCStochastic Neural Analog

1950년대에 만들어진 인공 신경망이다.
뉴런을 통해 전기 신호를 전달하는 사람의 뇌를 모방한 것으로,
전선을 이용해 전기 신호를 전달한다.

Reinforcement Calculator 확률적 신경 분석 강화기기를 만들었다. SNARC는 흔히 최초의 인공 신경망으로 불린다.

5년 뒤인 1956년, 미국 뉴욕주 이타카에 있는 코넬대학교의 프랭크 로젠블랫Frank Rosenblatt 또한 뇌를 흉내 낸 인공지능을 만들었다. 로젠블랫 연구팀은 그림이나 사진을 보고 무엇인지 알아맞히는 퍼셉트론Perceptron이라는 시스템을 생각해 냈다.

퍼셉트론은 세 층의 인공 뉴런으로 이루어졌다. 첫 번째 층은 광전지빛에 반응하는 전자 장치 뉴런들로, 그림을 읽어 들이는 역할을 한다. 두 번째 층의 뉴런들은 첫 번째 층으로부터 받은 신호를 세 번째 층으로 전달하고, 세 번째 층의 뉴런들은 그림을 분류해 결과를 낸다.

예를 들어 개 사진을 읽어 들였다고 생각해 보자. 그러면 두 번째 층에 있는 전달 뉴런들이 개 사진으로부터 읽어 들인 정보를 무작위로 세 번째 층의 뉴런들에게 전달한다. 세 번째 층의 뉴런들은 연구팀이 이전에 준 자료의 범주 가운데 그림이 어디에 속하는지 정해서 결과를 낸다. 만일 퍼셉트론이 답을 맞히면 연구자들은 이 답을 내기까지 거쳐 간 뉴런들 사이의 연결을 더 강하게 만든다. 이렇게 하면 퍼셉트론이 다음에 개 사진을 알아볼 가능성이 커진다. 연구자들은 이처럼 뉴런들의 연결을 점점 강화하는 것을 퍼셉트론이 '학습'한다고 말한다.

퍼셉트론은 큰 관심을 불러 모았다. 1958년 7월 〈뉴욕 타임스〉는 퍼셉트론을 "인간처럼 느끼고 인지하고 기억하고 반응하는 기계"로부풀려 소개했다. 로젠블랫 또한 퍼셉트론의 능력을 과장하곤 했다. 하지만 모든 인공지능 연구자가 이 말에 동의한 것은 아니다. 한 연구자는 다음과 같이 말했다.

"(로젠블랫이) 퍼셉트론에 대해 하는 말을 들으면 퍼셉트론이 꿈 같은 일을 해낸 것만 같습니다. 실제로 그런지는 알 수 없으나, (로젠블랫이 낸) 결과만 보면 전혀 그렇지 않은 듯합니다."

민스키 또한 자신의 연구와 로젠블랫의 연구가 모두 실패했다고 생각하고 인공 신경망을 비판했다. 1969년 민스키는 동료 시모어 패퍼트Seymour Papert와 함께 인공 신경망이 절대 기대에 부응하지 못할 것이라고 전망하는 《퍼셉트론》이라는 책을 펴냈다. 연구자들은 탑다운 방식 등 다른 인공지능 기술로 눈을 돌렸고, 인공 신경망에 대한 관심은 빠르게 사라졌다.

말하는 기계

인간의 뇌를 흉내 낸 인공지능을 만든다는 아이디어가 완전히 없어진 것은 아니었다. 스코틀랜드 에든버러대학교를 졸업한 제프리 힌턴Geoffrey Hinton은 사람의 마음에 흥미를 느꼈고, 뇌와 비슷한 방식으로 학습하는 인공 신경망을 만들고자 했다. 하지만 1970년대 중반, 인공 신경망에 관심을 둔 교수는 찾기 힘들었다. 힌턴의 교수들은 이렇게

딱 맞는 추모 기사

2016년 마빈 민스키가 죽자 여러 신문에서 그가 인공지능 분야에 남긴 많은 업적을 자세히 나열한 긴 추모 기사를 실었다. 하지만 민스키는 긴 추모사보다《와이어드》에 실린 짧은 추모 기사를 더 마음에 들어 했을 것 같다. 다음은 그 기사의 일부다.

"마빈 민스키는 인공지능 분야에 선구적인 업적을 남긴 인물로 알려져 있다. 그는 필립스 아카데미를 졸업했고 1950년 하버드대학교에서 수학 학사 학위를 받았다. 그 후 프린스턴대학교에서 공부를 계속해 1954년 수학 박사 학위를 받았다. 민스키의 업적으로는 1959년 매사추세츠공과대학교에 컴퓨터과학및인공지능연구실CSAIL을 만든 것과《퍼셉트론》과 같은 획기적인 인공지능 책들을 펴낸 걸 꼽을 수 있다. 민스키는 1969년 튜링상을 받았고 이외에도 인공지능 분야의 주요 상을 여러 번 받았다."

이 추모 기사를 쓴 사람은 누구일까? 사실 이 기사는 '사람'이 쓴 글이 아니다. 오토메이티드 인사이츠라는 회사에서 만든 뉴스 작성 봇'로봇'의 줄임말인 워드스미스Wordsmith가 쓴 것이다. 뉴스 작성 봇은 사람이 입력한 민스키의 정보를 이용해 위와 같은 글을 썼다.

1980년대 초 마빈 민스키가 로봇을 조종하는 데 쓰는 인터랙티브 장갑을 소개하고 있다.

말했다.

"정말 모르겠어요? (인공 신경망은) 쓸모가 없습니다."

하지만 힌턴은 굴하지 않았다. 1982년 그는 인공지능 여름 학회를 만들었다. 탑다운 방식의 기계 학습machine learning을 연구하는 사람들이 주로 참여하겠지만 색다른 생각을 가진 사람들도 올 것이라 생각했다. 힌턴은 안내문에 참신한 아이디어를 낸 사람에게는 학회 참가비를 모두 대 주겠다고 적고 참가자를 모았다. 그리고 이렇게 모인 참가 신청서들 가운데 하나가 단번에 그의 관심을 끌었다. '뇌의 기계어'를 알고 있다는 젊은 연구자 테리 세즈노프스키Terry Sejnowski의 신청서였다. 힌턴은 세즈노프스키가 천재인지 허풍쟁이인지 궁금했다.

힌턴과 세즈노프스키는 학회에서 만나 인공 신경망에 대해 서로 같은 생각을 하고 있음을 확인했다. 당시 힌턴은 미국 피츠버그의 카네기멜런대학교에 있었고 세즈노프스키는 미국 볼티모어의 존스홉킨스대학교에 있었다. 하지만 둘은 친구가 되어 주말마다 만났다. 그리고 1985년 두 사람은 이전의 인공 신경망보다 많은 층을 가진 새로운 인공 신경망을 만들었다. 오스트리아의 물리학자 루트비히 볼츠만Ludwig Boltzmann의 수학 이론을 바탕으로 만든 이 인공 신경망에는 '볼츠만 머신Boltzmann machine'이라는 이름이 붙었다. 볼츠만 머신은 사람처럼 자신이 접한 정보를 바탕으로 결론을 이끌어 내며 '배웠다'.

새로운 방식의 인공 신경망이 탑다운 방식보다 나았을까? 세즈노프스키는 볼츠만 머신에게 영어 단어들과 문장 말하는 법을 가르쳐서 볼츠만 머신의 능력을 증명하고자 했다. 처음에 그는 두꺼운 교과서에 나오는 영어 발음 규칙을 볼츠만 머신에 프로그래밍해 넣는 방법을 썼다. 하지만 힌턴이 말했듯 "영어는 간단한 네트워크가 받아들이기에는 너무 복잡한 언어"였다.

힌턴과 세즈노프스키는 계획을 바꿨다. 아이들이 쉬운 문제로 시작해 점점 더 어려운 문제를 풀어 나가는 것처럼 볼츠만 머신도 어린이 책에 나오는 쉬운 단어들의 발음부터 배우게 한 것이다. 볼츠만 머신에 쉬운 단어들을 입력하기 시작한 지 한 시간쯤 지나자 볼츠만 머신은 스피커를 통해 말을 뱉어 내기 시작했다. 처음엔 아기가 말을 처음 배울 때 내는 옹알이 같은 소리가 났다. 하지만 곧 알아들을 수 있을 정도로 소리를 냈다. 볼츠만 머신은 책 속의 모든 단어를 완벽하게 말할 때까지 계속 학습했다. 얼마 지나지 않아 초등학교 5학년 수준의 책 한 권을 다 읽을 수 있게 됐고, 나중에는 사전의 2만 5,000단어를 완벽하게 읽어 냈다. 고성능 컴퓨터에 프로그래밍된 볼츠만 머신은 스스로 방법을 익혀 점점 더 많은 단어를 소리 냈다. 세즈노프스키와 힌턴은 이 볼츠만 머신을 '넷토크NetTalk'라고 불렀다.

딥 러닝과 인공 신경망

볼츠만 머신이 놀라운 능력을 보여 줬음에도 대부분의 인공지능 연구자는 계속 사람이 일일이 지시를 해야 하는 탑다운 방식을 고집했다. 20세기 말쯤 되자 탑다운 방식의 인공지능은 말을 알아듣고 그림을 알아보고 문법에 맞는 정확한 문장을 만드는 수준에 이르렀다. 이와 달리 인공 신경망은 미래가 없어 보였고, 소수의 학자만 계속 연구를 하며 기술을 발전시켜 나갔다.

그런데 2006년 힌턴이 당시 널리 쓰이던 탑다운 방식의 인공지능보다 말을 더 잘 알아듣고 그림을 더 잘 분류하는 인공 신경망을 선보이자 분위기는 빠르게 바뀌었다. 힌턴과 박사 과정 학생 루슬란 살라쿠트디노프Ruslan Salakhutdinov가 만든 이 인공 신경망은 이전보다 훨씬 많은 층과 연결로 이루어졌다. 그래서 학습을 뜻하는 '러닝learning'이라는 말에 깊다는 뜻의 수식어 '딥deep'을 붙인 '딥 러닝'이라는 이름으로 불렸다. 구글 브레인 또한 딥 러닝의 하나다.

딥 러닝 방식을 쓸 때는 인공 신경망에 아주 많은 정보를 넣어야 한다. 예를 들어 손글씨를 알아보는 인공 신경망을 만들려면 손으로 쓴 글자나 숫자를 수백만 개씩 넣어야 한다. 인공 신경망은 입력받은 손글씨 하나하나가 어떤 숫자를 쓴 것인지 '추측'하고, 추측이 맞으면 그 결론을 내리기까지 거쳐 간 연결을 강화한다. 그리고 쉬운 일에서 시작해 점점 더 어려운 일을 해낸다. 예를 들면 글자만 알아보는 수준에서 단어를 알아보는 수준으로 발전하는 것이다. 이 모든 학습은 사람의 지시 없이 이루어지기 때문에 '자율학습'이라고 불린다.

딥 러닝은 사람의 학습 방식과 매우 다르다. 영국의 인공지능 스타트업 기업 스위프트키의 공동 창업자이자 최고기술경영자인 벤 메들록Ben Medlock의 말처럼, 인공 신경망이 그림을 알아보는 데는 엄청나게 많은 정보가 필요하다. 하지만 사람은 몇 가지 정보만 있어도 쉽게 해낸다. 예를 들어 구글 브레인은 엄청나게 많은 고양이 사진을 보고 나서야 고양이를 알아봤다. 하지만 어린아이는 고양이 몇 마리만 보고 나면 바로 고양이를 알아본다.

또 인공 신경망은 종종 이해하기 힘든 실수를 한다. 음악 콘서트 사진을 거미 사진으로 분류하기도 하고, 오리 사진을 미국의 전 대통령 버락 오바마로 분류하기도 한다. 2012년에 인공 신경망이 제대로 알아맞힌 사진은 전체의 6분의 1이 채 안 된다.

그럼에도 인공 신경망은 이전에 나온 인공지능보다 장점이 많고, 계속 발전하고 있다. 특히 인터넷은 인공 신경망의 발전에 큰 역할을 하고 있다. 인터넷을 이용하면 자율학습에 필요한 정보를 거의 무제한으로 얻을 수 있기 때문이다.

실리콘 밸리의 개발 경쟁

2012년 11월 중국 톈진의 한 강연장에 모인 관객들은 딥 러닝의 능력을 직접 확인했다. 마이크로소프트의 수석 과학자 리처드 라시드 Richard Rashid가 인공 신경망과 음성 인식에 대해 강연하는 자리였다. 라시드가 말을 하면 큰 화면에 영어 자막이 떴고, 몇 초 뒤에는 중국어로 번역된 문장이 라시드의 목소리로 흘러나왔다. 관객들은 처음 보는 광경에 놀랐다. 그날 터져 나온 엄청난 박수는 라시드뿐만 아니라 딥 러닝에게 보내는 것이기도 했다.

이 멋진 강연 소식이 알려지자 딥 러닝에 대한 관심이 높아졌다. 실리콘 밸리미국 캘리포니아주 샌프란시스코의 남쪽 지역으로 구글, 애플, 페이스북을 비롯한 여러 기술 기업의 본사가 있다의 기업들이 딥 러닝을 주목하기 시작했고, 모두 딥 러닝에 대해 이야기했다. 벤처 기업들은 딥 러닝을 이용한 서비스를 내놓았다. 미국의 페이스북, 야후, 마이크로소프트, 중국의 바이두 같은 대기업들도 마찬가지였다. 힌턴은 구글로 직장을 옮겼다. 구글이 2014년 영국 런던의 인공지능 기업 딥마인드를 4억 달러(약 4,000억 원)에 사들이면서 인공지능 개발 경쟁은 한층 더 달아올랐다. 투자자들은 딥 러닝 기업에 많은 돈을 쏟아부었다. 실용성이 없다고 외면받던 인공 신경망은 이제 가장 주목받는 인공지능 연구 방식이 됐다.

인공 신경망은 사진을 분류하고 말을 알아듣는 일 외에도 많은 것을 할 수 있다. 예를 들어 움직이는 로봇에 인공 신경망 기술을 쓰

알파고

컴퓨터가 사람을 이겼다는 소식은 엄청난 뉴스거리다. 1997년 딥 블루가 체스 챔피언 게리 카스파로프를 이겼을 때 전 세계가 주목했고, IBM은 2011년 왓슨이 〈제퍼디!〉에서 우승하면서 유명세를 얻었다. 그리고 2016년 3월에는 더 놀라운 일이 벌어졌다. 구글의 딥 러닝 소프트웨어 알파고AlphaGo가 한국의 바둑 명인 이세돌을 4 대 1로 이긴 것이다.

바둑의 규칙은 배우기 쉽지만 바둑 경기에서 나올 수 있는 경우의 수는 10^{78}10을 78번 거듭제곱한 수개에서 10^{82}개 사이로, 우주에 있는 모든 원자의 수보다 많다. 이렇게 큰 경우의 수는 연산 능력만으로 다룰 수 없다. 그래서 바둑 기사들은 추리와 직관을 바탕으로 경기를 한다. 알파고 또한 이세돌을 이기기 위해 추리와 직관을 썼다. 제프리 힌턴은 다음과 같이 설명했다.

"인공 신경망을 쓰면 컴퓨터도 그런 일을 할 수 있습니다. 가능한 모든 수를 살핀 뒤 조금 더 나은 수가 무엇인지 직감적으로 알아낼 수 있죠."

구글의 알파고를 상대로 경기하는 이세돌 9단. 이세돌은 다섯 경기 중 네 번을 졌다.

면 주변을 파악해 장애물을 피할 수 있다. 연구자들은 머지않아 주식 시장의 경향을 읽고 음악을 작곡하고 유전 정보를 분석하고 병을 진단하는 데도 인공 신경망이 쓰일 것이라고 믿는다.

딥 러닝으로 인공지능이 어디까지 발전할지는 아직 알 수 없다. 다만 연구자들은 긍정적으로 전망한다. 2012년 〈뉴욕 타임스〉 인터뷰에서 힌턴은 존 마코프John Markoff 기자에게 이렇게 말했다.

"(딥 러닝의) 특징은 규모의 경제크기가 커질수록 효율이 높아지는 현상에 있습니다. 더 크고 빠르게 만들기만 하면 더 좋아지니까요. 이제 돌이킬 방법은 없습니다."

그로부터 2년 뒤 《와이어드》와의 인터뷰에서 힌턴은 드라마 〈스타 트렉Star Trek〉의 대사인 "아무도 가 본 적 없는 곳으로"라는 표현을 빌려 다음과 같이 말했다.

"우리는 인공지능을 (중략) 멋지고 새로운 곳으로 데려가고자 합니다. 어떤 사람도 어떤 학생도 어떤 프로그램도 가 본 적 없는 곳으로요."

사람을 닮은
기계들

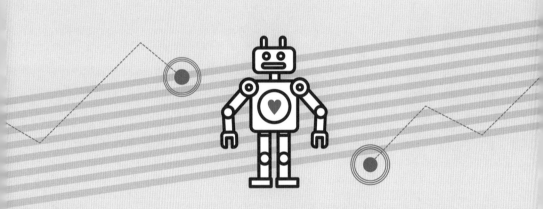

기계 인간 일렉트로는 로봇 개 스파코와
1939년 뉴욕세계박람회에서
관객을 즐겁게 했다.

사람을 닮은 기계에 대한 상상은 수백 년 동안 사람들의 흥미를 끌었다. 미술 작품은 물론 뛰어난 발명품을 남긴 것으로도 유명한 이탈리아 화가 레오나르도 다빈치는 이미 1495년에 기사 로봇을 발명했다. 정교한 도르래와 케이블, 기어로 이루어진 기사 로봇은 앉고 서고 걷고 몸을 흔들 수 있다. 이는 마치 쇠로 만든, 살아 있는 사람 같아 보였다.

그로부터 약 400년 뒤에 열린 1939년 뉴욕세계박람회에서는 쇠로 만들어진 또 다른 사람이 관람객들을 즐겁게 했다. 키 2.1미터, 무게 120킬로그램의 '기계 인간' 일렉트로Elektro는 걷고 고개를 돌리고 손을 움직였으며, 풍선을 불거나 담배를 피우기도 했다. 심지어 사람들과 대화도 하고 농담도 던졌다. 일렉트로의 친구인 로봇 개 스파코Sparko 또한 익살스럽게 움직이며 사람들을 즐겁게 했다.

사실 당시 일렉트로 같은 로봇은 많았다. 1920~1930년대 엔지니어들은 다양한 로봇을 만들었고, 사람들은 이를 보며 환호했다. 그러나 이 로봇들은 자신이 무슨 일을 하는 줄 모르는, 그저 기계였다. 일렉트로의 목소리는 몸에 연결된 녹음기에서 흘러나왔다. 일렉트로가 진짜 말을 한다고 믿는 사람은 아무도 없었다.

하지만 인공지능 로봇은 계속 사람들의 상상력을 자극했다. 로봇은 20세기 SF 장르의 단골 소재였다. '로봇robot'이라는 단어는 1923년 체코의 작가 카렐 차페크Karel Capek가 쓴《R.U.R: 로섬의 유니버설 로봇Rossum's Universal Robots》이 영어로 번역되면서 처음 등장했다. 이 책에 나오는 로봇들은 일렉트로와는 전혀 다르다. 금속이 아니라 생체 조직과 비슷한 재료로 만들어져 인간과 생김새가 똑같다. 책에서 사람들은 로봇에게 공장 일이나 전투, 집안 청소 등을 모두 시키는데, 사람을 돕기 위해 만들어진 이 로봇들이 사람을 해치기 시작하면서 인류는 궁지에 몰린다. 결국 비극으로 끝나는 이 책은 로봇이 지구를 정복한다는 줄거리를 가진 SF 소설들의 시초가 됐다.

그런데 몇십 년 뒤 유명한 SF 소설가인 아이작 아시모프Isaac Asimov는 〈런어라운드Runaround〉라는 단편 소설에 완전히 다른 로봇을 등장시켰다. 아시모프가 상상한 로봇은 다음과 같은 로봇 3원칙을 지키는 상냥한 로봇이다.

1. 로봇은 사람을 해치거나 사람이 해를 입도록 두지 않는다.
2. 로봇은 첫 번째 법칙에 어긋나는 경우가 아니면 사람의 명령을 따른다.
3. 로봇은 첫 번째와 두 번째 법칙에 어긋나지 않는 범위 안에서 자신을 지킨다.

대중문화 속 로봇

1960년대 만화 영화 〈우주 가족 제슨스The Jetsons〉의 로봇 가정부 로지부터, 2015년 드라마 〈휴먼스Humans〉의 휴머노이드까지, 지난 수십 년 동안 우리에게 로봇은 즐거움과 두려움의 대상이었다. 1956년 개봉한 영화 〈금지된 행성Forbidden Planet〉에 나와 스타가 된 로봇 로비는 우리에게 즐거움을 준 로봇이다. 머리가 동그란 이 로봇은 여러 텔레비전 방송에 카메오로 출연할 정도로 인기가 많았다. 그로부터 10여 년 뒤에 나온 드라마 〈우주 가족 로빈슨Lost in space〉의 B-9도 마찬가지다. "위험! 윌 로빈슨, 위험!"이라고 호들갑스럽게 외치며 로빈슨 가족을 지키는 모습으로 많은 사랑을 받았다. 1980년대 방영된 〈스타 트렉: 넥스트 제너레이션Star Trek: The Next Generation〉의 팬이라면 안드로이드 데이터 소령의 심오한 매력도 절대 잊지 못할 것이다. 논리적이면서도 "언젠가는 인간성을 찾을 수 있길" 꿈꾸던 데이터 소령은 탭 댄스를 추고 그림을 그리고 초당 60조 번의 계산을 했다. 데이터 소령의 지능과, 컴퓨터 자료에 접속하는 그의 능력 덕분에 우주선 엔터프라이즈호는 몇 번이나 위기를 넘겼다.

반면에 영화 〈터미네이터The Terminator〉의 스카이넷은 우리에게 두려움을 줬다. 스카이넷은 지각 있는 슈퍼컴퓨터로, "모든 인간을 죽여라."라고 프로그래밍된 기계를 퍼뜨려 자신을 만든 사람들과 전쟁을 벌인다. 대니얼 윌슨Daniel H. Wilson의 인기 소설《로보포칼립스Robopocalypse》의 사악한 인공지능 요원 아르코스도 두려움을 준 로봇으로 꼽힌다. 이처럼 SF 장르에서 로봇은 작가나 감독의 상상력에 따라 좋거나 나쁘게 그려진다.

〈우주 가족 제슨스〉는 로봇 도우미 로지와 함께 사는 미래 가족의 모습을 그린다.

아시모프의 로봇은 사랑스럽고 믿음직하다. 이후 영화와 텔레비전에는 이 같은 로봇이 많이 등장했다. 드라마 〈우주 가족 로빈슨〉의 B-9, 영화 〈스타워즈Star Wars〉의 R2-D2, C-3PO 등이 그 예다. 하지만 영화 〈매트릭스The Matrix〉의 스미스 요원처럼, 대중문화에는 여전히 나쁜 로봇도 많이 등장한다.

일하는 로봇

SF 소설과 영화에 등장하는 로봇들이 인기를 끄는 동안 기술자들은 진짜 일하는 로봇을 만들어 냈다. 하지만 처음에 나온 로봇은 어설펐다. 초기의 로봇은 셰이키처럼 센서로 정보를 받은 뒤 이를 다른 장소에 있는 컴퓨터로 보냈다. 그러면 컴퓨터가 로봇에게 할 일을 지시했다. 이 과정은 느리고 비효율적이었고, 로봇은 정보를 다 처리하지 못해 쩔쩔매곤 했다.

1980년대 매사추세츠공과대학교 인공지능 실험실에서 일하던 호주 과학자 로드니 브룩스Rodney Brooks는 외부 컴퓨터 없이 로봇이 직접 정보를 처리하면 효율이 높아질 것이라 생각했다. 또한 로봇에게 한 번에 여러 지시를 내리기보다 간단한 명령을 하나씩 내리는 편이 낫다고 판단했다.

브룩스는 모기의 생김새에서 영감을 받아 곤충과 닮은 작은 로봇을 만들기 시작했고, 1988년 징기스Genghis라는 획기적인 로봇을 개발했다. 여섯 개의 다리를 가진 이 로봇은 길이 35센티미터에 무게 1킬로그램으로, 다른 로봇보다 훨씬 빠르게 걷고 비탈길을 올랐다. 또 사람의 체온을 감지하는 센서가 있어서 사람을 따라다닐 수도 있었다. 이 작은 기계는 이후 로봇 만드는 방식을 크게 바꿨고, 미래에 의료용이나 산업용으로 개발될 로봇들의 길을 닦았다.

1990년 브룩스는 아이로봇이라는 회사를 차리고 룸바Roomba라는 로봇 청소기를 만들었다. 납작한 원판 모양의 룸바는 장애물을 피해 가며 더러운 먼지를 빨아들였다. 2008년 브룩스는 또 다른 회사인 리싱크 로보틱스를 세웠고, 4년 뒤 상자를 옮기는 등의 힘든 일을 하는 로봇 백스터Baxter를 내놓았다. 백스터는 무게 75킬로그램, 키 90센티미터짜리 로봇으로, 디지털 '눈'이 달려 얼굴 역할을 하는 컴퓨터 화면과 두 팔이 있다. 백스터가 나오고 3년 뒤 백스터의 '동생' 소여Sawyer도 만들어졌다. 백스터보다 훨씬 가벼운 소여는 팔이 하나인데 회로 기판을 검사하거나 기계를 관리하는 등의 정교한 일을 할 수 있다. 다른 로봇과 마찬가지로 소여와 벡스터는 지치지 않고 온종일 일하고 같은 일을 반복해도 싫증 내지 않는다. 그래서 반복적인 공장 일에 잘 맞는다.

미국 캘리포니아주 프리몬트에 있는 테슬라의 자동차 제조 공장은 산업용 로봇이 어떤 일을 할 수 있는지 잘 보여 준다. 이곳에서는 다양한 종류의 로봇 100여 대가 사람과 함께 전기차를 조립한다. 만

화책 《엑스맨X-Men》의 주인공들 이름을 가진 이 로봇들은 각자 맡은 일이 서로 다르다. 사람보다 훨씬 큰 울버린과 아이스맨은 차를 통째로 들어 다른 조립 라인으로 옮기는 일을 하고, 어떤 로봇들은 차에 좌석을 달거나 앞창을 붙인다. 이외에도 천장에 매달려 일하는 로봇, 공장을 돌아다니며 자재를 나르는 로봇 등이 있다.

로봇은 온라인 쇼핑몰 아마존의 창고에서도 볼 수 있다. 아마존에서 상품을 주문하면 그 상품은 로봇에 의해 창고 선반에서 내려질 가능성이 크다. 2012년 아마존은 창고에서 물건을 찾아 포장하는 로봇을 만든 키바 시스템스라는 회사를 7억 5000만 달러(약 8,000억 원)가 넘는 돈을 주고 샀다. 그로부터 3년 뒤 아마존의 창고 열다섯 곳에는 키바 로봇 수천 대가 설치됐다. 금속으로 만들어진 땅딸막한 이 로봇은 '팟'이라 불리는 높은 선반들이 빽빽이 늘어선 창고에서 상품 찾는 일을 한다. 상품을 찾으라는 지시를 받으면 그 상품이 있는 선반을 찾아 자신의 등에 올린다. 그리고 지시를 내린 사람에게 되돌아가서 상품을 건네고 선반을 제자리에 가져다 놓는다. 이 모든 과정은 경로 추적 소프트웨어에 의해 관리된다.

로봇 시장의 성장

오늘날에는 점점 더 많은 곳에서 비용을 줄이고 효율을 높이기 위해

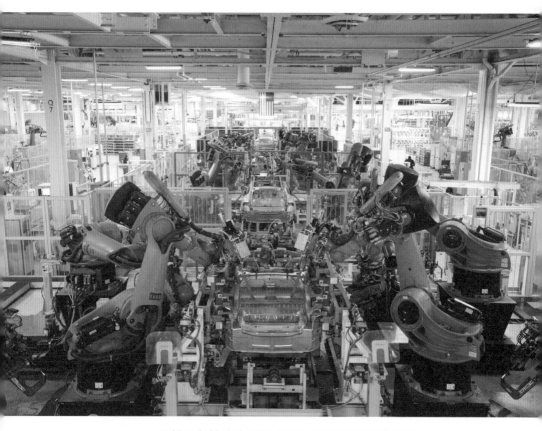

프리몬트의 테슬라 자동차 공장에서는 주로 로봇이 차를 조립한다.
어떤 사람들은 로봇 때문에 일자리가 모두 없어질지도 모른다고 걱정하지만,
로봇을 만들고 수리할 사람은 계속 필요하다고 말하는 사람들도 있다.

4장 사람을 닮은 기계들

로보컵

1997년 일본 나고야에서 열린 첫 번째 로봇 축구 월드컵에는 관중 5,000명이 모였다. 이 월드컵은 로봇팀끼리 축구 경기를 하는 행사로, 줄여서 '로보컵RoboCup'이라고 부른다. 인공지능 연구의 발전을 위해 시작된 로보컵은 처음에는 서른여덟 팀이 참가했지만, 2015년에는 500팀 이상이 참가하는 큰 행사가 되었다.

경기는 몇 개의 조로 나뉘어 진행된다. 15센티미터보다 작은 정육면체 모양의 로봇들만 참가할 수 있는 조도 있고, 사람과 비슷한 크기의 휴머노이드 로봇들로 이루어진 조도 있다. 처음에는 로봇들이 축구 규칙을 이해하지 못해 어디로 공을 찰지 모르고 헤매는 경우가 많았다. 하지만 해가 갈수록 로봇의 축구 기술은 발전했다. 연구자들은 2050년쯤엔 로보컵 우승팀이 월드컵 우승팀을 이길 것으로 보고 있다.

로봇을 쓰고 있다. 텍사스 인스트루먼츠의 부사장 레미 엘오잔Remi El-Ouazzane은 2012년 다음과 같이 말했다.

"우리는 로봇 시장이 곧 폭발적으로 커질 것이라 믿습니다."

《인간은 필요 없다Humans Need Not Apply》를 쓴 컴퓨터 과학자 제리 카플란Jerry Kaplan은 로봇이 최근 크게 발전한 이유를 다음 몇 가지로 요약한다. 먼저 로봇을 움직이는 컴퓨터가 매우 강력해졌을 뿐 아니라 딥 러닝 덕분에 훨씬 똑똑해졌다. 로봇 디자인의 발전으로 장애물을 빨리 피할 수 있게 됐고, 더 가벼운 재료를 쓰면서 움직임도 조금 더 민첩해졌다. 기계 인식 기술의 발달로 사람의 얼굴을 알아보고 살아 있는 물체와 무생물을 가릴 수 있게 되면서 로봇과 사람 사이의 의미 있는 소통도 가능해졌다.

카플란은 미래에는 로봇이 정원의 잡초를 뽑고 벼를 베고 집을 페인트칠하고 택배를 배달하고 교통정리를 할 것이라고 말한다. 이미 네덜란드와 벨기에에는 노인을 돕는 헥터Hector라는 로봇이 나와 있다. 어느 기자가 "걷고 말하는 커다란 스마트폰"이라 부른 이 로봇은 영국 레딩대학교 연구팀이 만든 것으로, 물건을 줍거나 장 볼 목록을 만들거나 약 먹을 시간을 알려 주는 등의 일을 한다. 미국 샌프란시스코의 한 병원에는 환자의 방으로 식사와 약을 배달하고 침대 시트를 갈아 주는 턱스Tugs라는 로봇도 있다. 턱스는 레이저와 센서를 이용해 장애물을 피하고 전파로 병원 복도에 있는 문을 열며 병원 와이파이를 통해 엘리베이터를 부른다.

사람보다 뛰어난 수술 로봇

병원 로봇의 일은 환자를 돌보는 것으로 그치지 않는다. 인튜이티브 서지컬이라는 회사가 레오나르도 다빈치의 이름을 따서 만든 다빈치 수술 기계는 의사보다 훨씬 정교하게 수술을 해낸다. 다빈치는 필요한 만큼만 정확하게 피부를 절개하기 때문에 흉터가 더 적게 남고 회복도 빠른 편이다. 2015년에만 전 세계에서 65만 건의 다빈치 수술이 이루어졌다.

다빈치 수술 기계는 무게가 454킬로그램이나 나가고 가격도 약 20억 원이나 된다. 전쟁 지역 같은 곳에서 수술할 때는 들고 다니기 편한 가벼운 기계가 필요한데, 미국 캘리포니아대학교 산타크루즈캠퍼스의 기술자인 제이컵 로즌Jacob Rosen과 워싱턴대학교의 블레이크 해나퍼드Blake Hannaford는 2005년 레이븐Raven이라는 로봇을 만들어 이 문제를 해결했다. 최근에는 레이븐보다 작고 정교한 레이븐IIRaven II도 나왔다. 레이븐은 심장 수술을 비롯한 여러 수술에 쓰인다. 존스홉킨스대학교의 컴퓨터 과학자 그레고리 해거Gregory Hager는 레이븐을 일컬어 "사람이 할 수 있는 수술에서 사람의 능력을 뛰어넘는 수술로 넘어갈 기회"라고 말했다. 덧붙여 "사람의 능력을 뛰어넘는 수술을 하려면 의사가 하는 일을 알아챌 수 있을 정도로 지능이 높은 로봇이 적절하게 보조를 맞춰 줘야 한다. (중략) 이런 세상이 가까워지고 있다."고 평가했다.

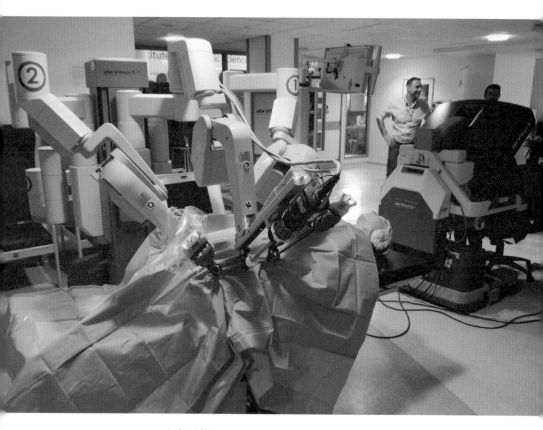

2015년 영국과학박람회에서 다빈치 수술 기계가 모형 환자를 수술하고 있다.
다빈치를 사용하면 의사보다 정교하게 수술할 수 있다.

4장 사람을 닮은 기계들

일자리를 빼앗기다

시장 조사 기관 IDC는 2015년 전 세계 기업이 로봇에 들인 비용이 710억 달러(약 75조 원)라고 밝혔다. 로봇이나 로봇용 소프트웨어에 들인 돈은 물론이고 로봇 안내인 같은 서비스 이용료도 합한 값이다. 특히 로봇 시장에서 가장 빠르게 성장하고 있는 분야는 의료용 로봇과 제조 산업용 로봇 시장이다. 2019년에는 기업이 로봇 산업에 쓰는 돈이 1,354억 달러(약 145조 원)로 치솟을 것으로 보인다.

많은 사람은 로봇 시장이 커지는 것을 보며 걱정한다. 공상과학 소설에서처럼 로봇이 지구를 정복할까 봐 무서워서는 아니다. 문제는 로봇이 사람의 일자리를 빼앗을지도 모른다는 데 있다. 이미 로봇은 공장 노동자나 전화 교환원 등의 일자리를 많이 빼앗았고 앞으로도 많은 일자리가 로봇에게 넘어갈 것으로 보인다. 2016년 미국 정부의 경제학자들이 내놓은 보고서를 보면 걱정되는 부분이 많다. 이에 따르면 교육을 많이 받지 않아도 할 수 있는, 시간당 20달러(약 2만 원) 미만을 받는 일의 경우 로봇이 대신하게 될 가능성이 83퍼센트나 된다. 이보다 많은 돈을 받는 일은 로봇이 대신하게 될 확률이 조금 낮다. 교육도 더 받아야 하고 기계가 할 수 없는 기술도 필요로 하기 때문이다. 어쨌거나 전문가들은 직업을 잃은 사람들이 새 직업을 찾지 못할까 봐 걱정한다. 보고서는 최악의 경우 "소득 불균형이 매우 심해지고 일자리를 원하는 수많은 사람이 일을 찾지 못하면서 사회 질서가 무너질 수 있다."고 경고한다.

　하지만 이런 일이 일어나지 않을 거라고 말하는 사람들도 있다. 자동차 회사 BMW의 부사장인 리처드 모리스Richard Morris는 사람이 계속 중요한 업무를 맡을 것이라고 믿는다. 미래에도 로봇을 프로그래밍하고 감시하고 관리하는 사람은 필요하다는 것이다. 사실 테슬라 공장에도 로봇보다 훨씬 많은 3,000명의 사람이 일하고 있다. 게다가 로봇 공학이 발전했다고는 하지만, 아직 스스로 생각하고 목표를 정해 행동하는 강인공지능 로봇을 만드는 데 성공한 사람은 없다. 바닥을 청소하는 로봇이든, 해저를 탐험하는 로봇이든, 수술 로봇이든, 차를 만드는 로봇이든 모두 정해진 일을 하도록 만들어진 로봇일 뿐이다. 모리스는 다음과 같이 말했다.

　"아이디어는 사람이 냅니다. 로봇은 절대 이 일을 대신할 수 없죠."

　실제로 로봇은 지루하고 위험한 일을 대신할 뿐, 사람의 독창성을 흉내 내지는 못하고 있다.

　'현대 로봇 공학의 아버지'라고 불리는 로드니 브룩스 또한 로봇이 일자리를 빼앗을지도 모른다는 걱정은 오해에서 나온 것이라 말한다.

　"사람이 하는 일을 로봇이 다 할 순 없습니다. 전동 드릴이 기술자를 대신할 수 없는 것과 마찬가지죠. 로봇은 정해진 일만 할 수 있고 인지가 필요한 일은 사람이 맡습니다. 사람 대신 로봇을 쓴다는 말은 사람을 너무 낮잡아 본 말입니다."

5장

위험한 일을
대신하다

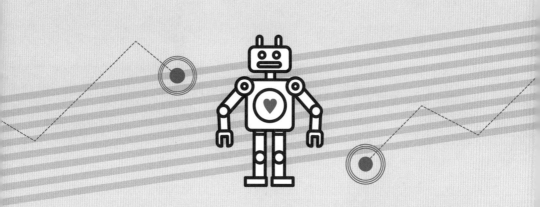

리모컨으로 조종하는 로봇을 사용하면
폭발물 제거 작업 같은 위험한 일도
안전하게 할 수 있다.

2001년 9월 11일, 테러리스트가 비행기 네 대를 납치했다. 납치된 비행기 가운데 두 대는 뉴욕 세계무역센터의 쌍둥이 빌딩으로, 한 대는 워싱턴의 미국 국방부 본부인 펜타곤으로 날아갔다. 나머지 한 대는 승객과 납치범들의 싸움 끝에 펜실베이니아주 들판에 추락했다.

세계무역센터 빌딩이 비행기 충돌로 무너지면서 구조대원들에게는 어려운 임무가 주어졌다. 위험한 사고 현장에서 어떻게 생존자를 찾아낼 것인가. 구조대가 살펴봐야 할 곳은 대부분 공기가 부족했고 사람이 들어갈 수 없을 만큼 좁았다. 110층짜리 건물 두 채가 10층 높이로 내려앉으면서 생긴 잔해에서는 불길이 타오르고 있었다. 하지만 무너진 건물 깊숙이 어딘가에는 사람이 살아 있을지도 몰랐다.

사우스플로리다대학교의 컴퓨터과학과 교수 로빈 머피Robin Murphy는 텔레비전을 보고 구조대가 어려움을 겪고 있음을 알게 됐다. 머피에게는 구조대를 도울 방법이 있었다. 그가 만든 로봇을 쓰면 사람이 들어가지 못하는 곳까지 살펴볼 수 있을 터였다. 몇 시간 뒤 머피는 테러 현장으로 향했다.

사고 현장으로 달려온 로봇팀은 머피 외에도 세 팀이 더 있었다. 한 팀은 아이로봇에서 보낸 팀이었다. 아이로봇의 조 다이어Joe Dyer에 따르면 당시 아이로봇은 "실험실에 있던 팩봇PackBot을 바로 꺼내 투입"
했다. 팩봇은 리모컨으로 조종하는 무게 10.9킬로그램, 키 18센티미
터짜리 로봇으로, 무너진 건물을 헤치고 좁은 곳으로 들어가 주변이
안전한지 살폈다. 그리고 밖에 있는 사람들에게 사진을 보내 주었다.
팩봇은 특수 센서로 위험한 가스를 감지해 알렸고, 사람이 들어갈
수 있도록 통로를 만들기도 했다. 팩봇은 생존자를 찾아내진 못했다.
하지만 구조대는 팩봇 덕분에 더 안전하게 일할 수 있었다.

구조 로봇의 발전

9·11 테러 이후 세계적으로 대규모 사고 현장에 구조 로봇을 이용하
는 일이 많아졌다. 2005년 허리케인 카트리나가 미국 뉴올리언스를
강타했을 때는 카메라 달린 조그만 로봇들이 날아다니며 물에 갇힌
빌딩 속에 생존자가 있는지 살폈다. 그로부터 5년 뒤인 2010년, 석유
시추 시설이 폭발해 바닷속 유정에서 수백 만 배럴의 기름이 흘러
나와 멕시코만을 더럽혔을 때는 시글라이더Seaglider라는 해저 로봇으
로 손상된 유정을 살폈다. 1.8미터 길이의 이 시글라이더는 사람이
들어갈 수 없는 1,006킬로미터까지 잠수했다. 그리고 하루에도 몇 번
씩 기름이 얼마나 새어 나오고 있는지 정보를 보냈다.

다이어는 특히 시글라이더를 예로 들며 로봇은 "용맹하고 (중략)

로봇 공학의 선구자, 로빈 머피

로빈 머피 교수는 1995년 반정부 테러리스트들의 공격으로 오클라호마시티의 앨프리드 P.뮤러연방정부청사가 폭발한 사건을 계기로 구조 로봇에 관심을 두기 시작했다. 머피는 당시 무너진 건물에서 생존자를 찾는 봉사 활동을 했던 대학생과 대화하다가 로봇으로 구조 작업을 도울 수 있겠다고 생각했다.

2001년 9월 11일 뉴욕 세계무역센터 빌딩이 무너졌을 때 머피는 사우스플로리다대학교에서 학생들을 가르치고 있었다. 머피는 학생 세 명과 함께 차에 로봇을 싣고 열여덟 시간을 달려 뉴욕에 도착했다. 머피와 학생들은 12일 동안 사고 현장에서 구조대를 도왔다. 이후에도 머피는 여러 사고 현장에서 일하며 구조 로봇 시장의 빠른 성장을 이끌었다.

2008년 머피는 텍사스A&M대학교로 자리를 옮겼다. 머피는 현재 텍사스A&M대학교의 수색구조로봇지원센터 소장으로서 첨단 로봇 기술을 연구하는 한편, 구조대가 작업 환경에 맞는 로봇을 고를 수 있도록 돕고 있다.

비용이 훨씬 적게 들고 효율적"이라고 말했다. 군사 작전이나 우주 탐험, 환경 재난과 같은 위험한 상황에 많이 쓰이는 이유다.

2011년 3월에는 쓰나미엄청나게큰해일가 일본 후쿠시마 제1원자력발전소를 덮쳐 많은 양의 방사능이 유출된 사건이 있었다. 사람을 죽일 만큼 방사능이 강했기 때문에 구조대는 발전소 안으로 들어갈 수 없었다. 미국 방위고등연구계획국은 방사능 차폐 장치를 단 팩봇과 같은 로봇들을 보내 피해 규모를 조사하고 방사능 수치를 파악했다.

하지만 문제가 있었다. 로봇을 쓰려면 먼저 일본의 발전소 기술자들이 로봇 작동법을 익혀야 했다. 결국 기술자들이 작동법을 배우는 동안 발전소를 지탱하던 금속 구조물이 방사성 물질의 열 때문에 녹아내렸고, 발전소 안에 있던 방사능이 밖으로 새어 나갔다. 발전소 안으로 로봇을 들여보냈을 때는 방사능 수치가 사람 기준 치사량을 훨씬 넘긴 상태였다.

로봇은 발전소 1층이 얼마나 망가졌는지를 파악해 알렸지만 계단을 오르지 못해 위층의 상황은 알 수 없었다. 게다가 장애물을 피하거나 모서리를 도는 데 서툴렀기 때문에 효율이 떨어졌다. 발전소의 두꺼운 콘크리트 벽 때문에 무선 통신이 잘 안 되는 문제도 있었다. 이 작업을 지휘한 미국 방위고등연구계획국의 길 프랫Gill Pratt은 크게 실망해 다음과 같이 말했다.

"사고 현장의 상황은 빠르게 나빠질 때가 많고 무슨 일이 벌어질지 미리 알기 어렵습니다. 사고를 효율적으로 해결하려면 재빨리 작

로봇의 센서

사람의 도움 없이 로봇이 스스로 일하려면 바깥 환경을 감지할 수 있어야 한다. 먼저 주변의 물체를 '볼' 수 있어야 하는데 카메라나 빛 센서, 광전지 등을 쓰면 된다. 또 주변의 소리를 '들을' 수 있어야 하는데, 이런 정보는 마이크로 얻는다. 하는 일에 따라 열이나 압력을 재야 할 때도 있다. 2013년 로봇공학과 대학원생이던 대니얼 H. 윌슨Daniel H. Wilson은 다음과 같이 말했다.

"로봇은 인간의 능력을 얻고 있습니다. 인간의 문제를 해결하려면 로봇은 냄새를 맡는 능력, 촉감을 느끼는 능력, 목소리를 알아듣는 능력 같은 인간의 능력을 지녀야만 할 것입니다."

위험한 환경에서 일하는 로봇에게는 특히 냄새를 맡는 능력이 중요하다. 이러한 로봇은 쓰레기 매립지에서 폭발성 가스인 메탄이 새어 나오는 장소를 파악하거나 지진 현장에서 유독한 가스가 새어 나오는 위치를 찾을 수 있다. 스웨덴 외레브로대학교의 아킴 릴리엔탈Achim Lilienthal은 레이저를 사용해 가스 구름의 위치를 알아내는 가스봇Gasbot을 발명했다. 눈 달린 잔디 깎기처럼 생긴 가스봇은 가스의 밀도를 계산해 가스가 나오는 위치를 3차원 지도로 보여 준다.

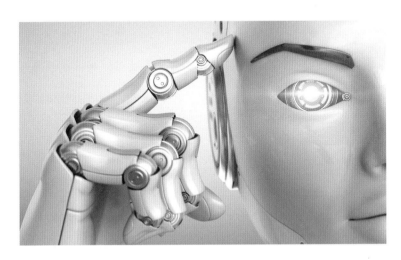

업해야 한다는 큰 교훈을, 후쿠시마 사고에서 얻었습니다."

로봇 경진 대회

프랫은 또 다른 사고가 난다면 그때는 꼭 로봇을 효율적으로 쓸 수 있길 바랐다. 후쿠시마 사고가 나고 1년 뒤 미국 방위고등연구계획국은 로봇 경진 대회를 열었다. 2년 동안 세 번의 경기를 치르는 대회로, 사람에게 위험한 환경에서 사람의 지시를 덜 받으며 일할 수 있는 로봇을 개발하는 것이 목표였다.

대학과 기업은 직접 만든 로봇을 선보이거나 보스턴 다이내믹스가 만든 로봇 아틀라스Atlas에 들어갈 프로그램을 만들어 대회에 참가했다. 아틀라스는 두 발로 걷고 손으로 물건도 집는, 인간을 닮은 휴머노이드 로봇이다. 아틀라스의 머리에는 거리를 가늠하는 카메라 두 대와 레이저 거리 측정 장치가 달려 있다. 대회는 비록 아틀라스끼리 겨루는 경기 위주로 진행됐지만 참가팀마다 소프트웨어가 달라서 로봇마다 개성이 있었다.

미국 방위고등연구계획국 로봇 경진 대회에 나온 로봇들은 혼자서 움직이지 못했다. 조종사라고 불리는 사람들의 명령에 따라서만 움직였다. 조종사들은 대회장과 멀리 떨어진 곳에서 로봇이 보낸 정보를 보고 할 일을 정해 로봇에게 명령했다. 대부분 조종사가 일일이

2015년 미국 방위고등연구계획국 로봇 경진 대회에 참가한 로봇들은
망가진 가스관의 밸브를 잠그거나 문 앞의 장애물을 치우는 등
재난 상황에서 요구되는 일들을 해냈다.

5장 위험한 일을 대신하다

지시하고 로봇은 따르기만 했다. 하지만 로봇이 스스로 일을 마무리 하도록 프로그래밍한 팀도 있었다. 이렇게 만들어진 로봇들은 몇 가지 일을 스스로 해냈다.

2015년 여름에 열린 결승전에는 스물세 팀이 참가했다. 각 로봇은 간단하지만 재난 상황에서 반드시 요구되는 다음 여덟 가지 일을 해야 했다.

1. 차에 타고 목적지까지 운전해 간다.
2. 차에서 내려 잔해가 널려 있는 길을 지나 목적지로 간다.
3. 문을 막고 있는 장애물을 치운다.
4. 문을 열고 건물 안으로 들어간다.
5. 가스가 새는 가스관을 찾아 밸브를 잠근다.
6. 호스나 케이블을 다시 연결한다.
7. 사다리를 오른다.
8. 사고 현장에서 도구를 찾아 콘크리트 장애물을 깨고 이를 통해 만들어진 구멍으로 걸어 나온다.

미국 캘리포니아주 퍼모나에서 열린 결승전에는 수천 명의 관중이 몰렸다. 관중은 최고의 로봇이 이기길 빌며 경기를 관람했다. 이들은 로봇이 임무를 성공적으로 해낼 때마다 환호했고, 로봇이 넘어지면 안타까워했다. 대회를 진행한 프랫은 실제 경기만큼이나 관중의 반응에 큰 감명을 받았다.

"이 대회를 통해 사람과 로봇 사이에는 놀라운 친밀감이 존재한다는 사실을 처음 알게 됐습니다. 로봇을 만들지 않는 평범한 사람도 로봇에게 공감하며 동질감과 동정심을 느꼈습니다. (중략) 사람들은 로봇이 성공하면 꼭 자기가 성공한 것처럼 기뻐했습니다. (중략) 로봇이 사람과 기분 좋은 관계를 맺는 사회가 가능하리라고 생각하게 됐습니다."

스스로 운전하는 차

'로봇카robot cars'라고도 불리는 자율주행차는 가장 빠르게 발전하고 있는 로봇 기술로 꼽힌다. 아이작 아시모프는 1964년에 이미 "로봇 뇌"를 가진 자동차를 생각해 냈고, "반사 반응이 느린 사람 운전자 없이도 스스로 목적지까지 가는" 차를 만들 수 있다고 믿었다. 그러나 당시에 자율주행차는 SF 소설 속 상상으로만 여겨졌다.

운전자 없는 차는 여러 이유에서 꽤 그럴싸하다. 피곤해하지도 않고 딴청을 피우지도 않기에 사람보다 안전하게 운전할 수 있다. 게다가 센서와 컴퓨터를 이용하기 때문에 사람이 운전할 때보다 효율적이다. 예를 들어 사람은 라디오나 휴대전화를 만지느라 신호등이 녹색등으로 바뀌어도 몇 초가 지나고 나서야 출발하는 경우가 많지만,

자율주행차는 신호가 바뀌자마자 출발해 길을 막히게 할 가능성이 낮아진다. 길이 덜 막히면 자동차가 내뿜는 배기가스 양이 적어져 대기 오염도 줄어든다. 또한 차를 운전할 수 없는 사람도 탈 수 있으므로 장애인이나 노인이 독립적으로 사는 데 도움을 줄 수 있다. 자율주행차가 있으면 다른 사람에게 운전을 부탁하는 귀찮은 일을 안 해도 된다.

이미 1980년대에 독일 뮌헨의 분데스베어대학교에서는 벤츠 밴을, 카네기멜런대학교에서는 쉐보레 밴을 개조해 자율주행차를 만들기도 했다. 하지만 자율주행차는 당시 별로 주목을 받지 못했다. 21세기 초 미국 의회가 군사용 자율주행차를 개발하라고 지시한 다음에야 관심을 받기 시작했다. 미군은 폭탄이 설치된 위험한 지역을 가로질러 물자를 옮겨야 할 때 자율주행차를 쓰고자 했다. 차가 폭발해도 사람은 죽거나 다치지 않게 하려던 것이다. 하지만 자율주행차는 무척 만들기 어려워서 군대에서 일하는 기술자들의 연구만으로는 큰 성과를 내지 못했다.

2002년 미국 방위고등연구계획국은 자율주행차를 더 빨리 개발하기 위해 대학과 기업을 대상으로 자율주행차 경진 대회를 열겠다고 발표했다. 2004년 3월 13일에 열린 이 대회에는 열다섯 대의 자동차가 참가했다. 당시 미국이 이라크 전쟁2003~2011년을 치르고 있던 중동 지역의 전투 현장과 비슷한 캘리포니아주 모하비 사막에 241킬로미터짜리 고난도의 경주로가 마련됐다. 그러나 모두 노력했음에도 결승선 통과는커녕 결승선에 가까이 온 차조차 없었다. 자동차들은 원을 그리며 돌거나 다른 길로 빠지거나 둑에 걸려 나아가지 못하거나 불에 타 버렸다. 하지만 이 대회의 진행자 톰 스트랫Tom Strat은 성과가 있다고 말했다.

"기술자들에게 동기를 심어 주는 최고의 방법은 불가능하다고 말하는 겁니다. 오늘 대회에 참가한 사람들은 이 도전을 받아들여 '아니. 불가능하지 않아. 난 해볼 거야.'라고 생각한 사람들입니다. 코스의 5퍼센트 지점까지 도달한 차가 한 대도 없긴 하지만, 대회에 참가한 기술자들의 의지는 오히려 더 강해졌을 것입니다."

그로부터 10여 년이 지난 오늘날 스트랫의 말은 사실이 됐다. 2002년 이후 두 번 더 열린 미국 방위고등연구계획국 자율주행차 경진 대회는 자율주행차에 대한 관심을 높이는 데 굉장한 역할을 했다. 볼보, 벤츠, 테슬라, 아우디, 도요타 같은 주요 자동차 기업들이 스마트카 기술을 만들기 위해 큰돈을 투자했다.

자율주행차를 만든 기업 가운데 가장 많은 관심을 받은 곳은 구글이다. 구글의 자율주행차는 2009년부터 2016년까지 캘리포니아주, 애리조나주, 텍사스주, 워싱턴주를 누비며 총 240만 킬로미터를 달렸다. 레이저, 카메라, 레이더 같은 최신 센서와 딥 러닝 기술을 활용한 이 자율주행차는 다른 자동차와 도로 표지판, 교차로, 도로 구조물 등을 알아보고 차량 흐름과 보행자, 도로 상태에 맞춰 달린다. 하지만 여전히 완벽한 수준은 아니다. 비가 올 때나 차선이 잘못 표

구글의 자율주행차다.
지붕에는 차선과 도로 가장자리를 알아보는 센서가 달려 있다.
차의 앞 유리창과 바퀴, 옆면에도 센서가 달려 있다.

수상한 인공지능

시돼 있을 때, 사람 운전자가 돌발 행동을 할 때는 어떻게 대처해야 하는지 아직 모른다.

2016년 5월 7일 미국 플로리다주에서는 자율주행차와 관련된 첫 사망 사고가 났다. 사고를 당한 조슈아 브라운Joshua Brown은 자율주행 기능이 있는 테슬라의 전기차 '모델 SModel S'를 타고 있었다. 자율주행 상태로 달리던 차는 앞에서 좌회전하는 견인 트럭을 감지하지 못하고 그대로 충돌했다. 차는 부서졌고, 브라운은 목숨을 잃었다. 이후 테슬라는 차의 소프트웨어를 바꾸겠다고 발표했다. 테슬라의 최고경영자인 일론 머스크Elon Musk는, 새로운 소프트웨어는 같은 상황에서 사고를 내지 않을 것이라고 말했다.

사고 넉 달 뒤인 2016년 9월 20일, 미국 교통국은 자율주행차를 위한 열다섯 가지 안전 진단 항목을 정했다. 비슷한 시기에 버락 오바마 당시 대통령은 〈피츠버그 포스트가제트〉에 "자율주행차로 매년 수만 명의 목숨을 구할 수 있다."는 내용의 글을 실어 자율주행차의 장점을 설명했다. 덧붙여 자율주행차에 문제가 발생했을 때 어떻게 대처할 것인지도 밝혔다.

"내 말을 잘못 받아들이지 않길 바란다. 자율주행차가 안전하지 않다면 도로에서 자율주행차를 몰아낼 것이다. 미국 정부는 주저하지 않고 시민의 안전을 지킬 것이다."

인공지능의 선구자, 한스 모라벡

1960년 스탠퍼드대학교 연구원들은 미국 항공우주국으로부터 지구에서 조종하며 달에서 사용할 차를 만들어 달라는 부탁을 받았다. 그리고 스탠퍼드대학교의 로봇 공학자인 한스 모라벡Hans Moravec은 이 차를 만드는 데 성공했다.

리모컨으로 조종하는 이 차는 원래 실험실 바닥의 하얀 선을 따라서만 움직였다. 그런데 어느 날 실험실 밖으로 나가는 사고가 일어났다. 실수로 위치를 잘못 계산하는 바람에 사람이 다니는 도로로 나간 것이었다. 결국 사람이 직접 차를 운전해 연구실로 돌아와야 했다.

1970년대 모라벡은 나중에 '모라벡의 역설'이라 불릴 로봇 공학의 딜레마를 찾아냈다. 그는 다음과 같이 지적했다.

"지금까지 컴퓨터가 가장 많은 실망을 안겨 준, 자동화하기 가장 어려운 일인 보고 듣고 상식적으로 생각하는 일은 모두 사람이 가장 아무렇지도 않게 해내는 일입니다."

모라벡은 기계가 "사람 뇌보다 아직 수십만 배 느리다."고 말했지만 컴퓨터 기술이 많이 발전하면 인간 두뇌의 능력을 넘어설 수 있다고 믿었다. 그는 여러 일을 할 수 있는 "만능 로봇"이 나올 것으로 예측했고, 언젠가는 이런 로봇이 스스로 생각하는 능력도 갖출 것이라고 전망했다.

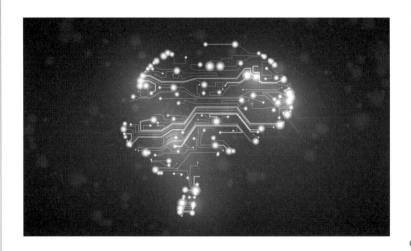

자율살상 로봇

안전은 자율주행차뿐 아니라 군사용 로봇을 만드는 데도 가장 중요하게 다루어지는 문제다. 전쟁터에서 로봇은 생명을 살릴 수도 있지만 죽일 수도 있다. 중동에서 전투를 벌일 때 미군은 폭탄을 해체하거나 위험한 지역을 정찰하기 위해 로봇을 썼다. 또한 비행기 조종사들을 위험에 빠뜨리지 않으면서 목표물을 공격하기 위해 리모컨으로 조종하는 무인 드론으로 폭탄을 떨어뜨리기도 했다. 미국 육군의 수석 로봇공학 연구자인 로버트 사도프스키Robert Sadowski는 "로봇과 자율주행차가 스마트폰 애플리케이션앱처럼 널리 퍼지고 (중략), (군인들에게) 도구가 아닌 동료처럼 여겨졌으면" 좋겠다고 말했다.

비록 조종사가 멀리 떨어져 있기는 하지만 군사용 로봇과 인공지능은 모두 사람의 명령에 따라 움직인다. 그리고 많은 사람이 앞으로도 군사용 로봇만은 꼭 사람이 조종해야 한다고 생각한다. 이들은 기계가 삶과 죽음을 결정하게 하는 것은 도덕에 어긋난다고 말한다. 하지만 이러한 반대에도 일부 기술자는 자율살상무기LAWS, Lethal Autonomous Weapons Systems를 만들고 있다. 스스로 움직일 뿐만 아니라 공격 대상도 정할 수 있는 무기를 만드는 것이다. 어쩌면 한국에서는 이미 이런 살상 로봇을 쓰고 있는지도 모른다. 남한 군대는 휴전선에 SGR-A1이라는 로봇을 두고 있다. 기관총이 달린 이 로봇은 열과 빛을 감지하는 센서가 달려 있어서 3.2킬로미터 안에 있는 사람을 감지한다. 로봇을 조종하는 사람이 있기는 하지만, 일부 군사 전문가는 이 로봇에게 스스로 총을 쏠 능력이 있다고 믿는다.

2015년 국제기구인 인권감시단HRW, Human Rights Watch과 하버드 법학전문대학원은 국제연합UN, United Nations이 자율살상무기를 금지해야 한다는 내용의 보고서를 냈다. 이들은 아무리 신경 써서 프로그래밍해도 자기 행동의 의미를 아는 자율살상무기는 만들 수 없다고 주장했다. 기계인 자율살상무기는 행동에 책임을 질 수 없다는 것이다. 로봇이 죄 없는 사람을 죽인다면 누구를 탓해야 할까? 로봇을 만든 사람이나 컴퓨터 프로그래머, 군사 지휘자가 로봇 무기의 실수를 책임져야 한다는 법은 아직 어느 나라에도 없다. 인권감시단의 보니 도허티Bonnie Docherty는 다음과 같이 말했다.

"책임이 없다는 말은 미래에 일어날 범죄를 막을 방법도 없고 피해자가 가해자를 벌 줄 방법도 없으며 책임자를 향한 사회의 비난도 없다는 뜻입니다."

자율살상무기가 나올 가능성이 점점 커지면서 이 무기가 목숨을 구하기보다 앗아갈 것이라고 걱정하는 목소리도 커지고 있다.

꼭 자율살상무기 때문이 아니더라도 미래의 전쟁은 로봇으로 인해 크게 바뀔 것이다. 몇몇 전문가는 2040년쯤이면 모든 미군에게 개인용 로봇이 지급될 것으로 예상한다. 아마도 미래에는 전투가 벌어지면 맨 앞에 로봇이 설 것이다. 미국 육군이 2015년 내놓은 보고서의 결론은 다음과 같다.

"미래로 간 시간 여행자는 사람보다 훨씬 많은 온갖 로봇으로 가득한 2050년의 전쟁터를 보고 매우 놀랄 것이다."

우주를 탐사하다

로봇은 지구에서는 물론이고 우주에서도 사람 대신 많은 일을 한다. 화성 표면을 탐사하는 스마트 탐사선부터 우주선을 관리하는 휴머노이드 로봇까지, 인공지능은 이미 전 세계 우주 탐사 기관들에 없어서는 안 될 존재가 됐다.

로봇이 우주 탐사에 많이 쓰이는 데는 몇 가지 이유가 있다. 먼저 로봇을 쓰면 사람을 위험에 빠뜨리지 않으면서 중요한 정보를 더 많이 얻을 수 있다. 예를 들어 2012년 화성에 내린 탐사선 큐리오시티 Curiosity는 2.1미터짜리 팔로 돌과 흙 표본을 채취한 뒤 표본에 열을 가해 어떤 가스가 나오는지 알아낸다. 이런 정보 덕분에 우리는 화성의 돌과 흙이 어떤 물질로 만들어졌는지 알 수 있게 됐다. 또한 큐리오시티는 화성의 흙에 수소를 이루는 원자나 유기물 생명체의 구성 성분인 탄소가 포함된 물질이 있는지도 검사한다.

게다가 탐사선과 로봇은 음식을 먹거나 숨을 쉬지 않으므로 음식, 산소, 생명 유지 장치에 비용이 안 든다. 특히 로봇은 태양계 밖 우주를 탐사하는 데 잘 맞는다. 지구에서 가장 가까운 항성계조차 인간 우주비행사가 살아서 도착하기에는 너무 멀기 때문이다. 만일 다른 로봇을 고치는 로봇을 만든다면, 수천 년에 걸쳐 우주 탐사를 할 수도 있을 것이다.

좀 더 가까운 우주를 탐사할 때는 사람과 로봇이 함께하는 게 낫다. 인간 우주비행사들은 지구 궤도를 도는 연구소인 국제우주정거장을 짓고 관리하고 고치기 위해 로봇 팔을 쓴다. 2000년 미국 항공우주국은 민첩한 손으로 다양한 일을 해내는 휴머노이드 로봇 로보넛robonaut '로봇(robot)'과 '우주비행사(astronaut)'의 합성어을 만들었다. 처음 만들어졌을 때 로보넛은 움직이지 않는 받침대에 상체가 붙어 있는 모양이었지만, 나중에 기술자들이 바퀴를 달아 줬다. 2014년 9월에는 국제우주정거장의 우주비행사들이 튼튼한 죔쇠가 달린 다리 한 쌍을 붙여 움직이는 로보넛 2^{R2}를 만들었다. R2는 혼자 두 다리로 걸어 다닐 수 있다. 발에 달린 죔쇠는 R2가 무중력 상태인 우주정거장 안을 떠다니지 않고 다른 물건을 붙잡고 설 수 있게 해 준다. R2는 우주비행사 대신 우주선 밖으로 나가기도 한다. 뛰어난 영상 기술과 센서, 인공지능을 가진 R2는 스스로 움직일 수 있지만, 상황에 따라 우주비행사들이 R2를 조종하기도 한다.

R2보다 뛰어난 로봇도 만들어지고 있다. 보스턴에 있는 매사추세츠공과대학교와 노스이스턴대학교의 연구원들은 로봇 R5를 위한 인공지능 소프트웨어를 개발하고 있다. 1.8미터, 132킬로그램짜리 R5는 원래 재난 구조용 로봇으로 만들어졌지만, 미래에 우주비행사들

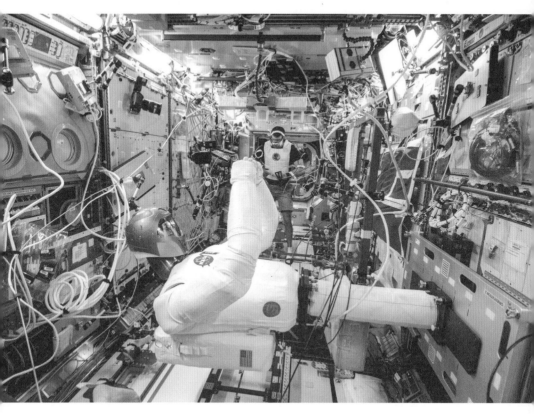

국제우주정거장의 실험실에서 우주비행사 크리스 캐시디Chris Cassidy가
복도 끝에 서서 R2를 조종하고 있다.
R2는 캐시디가 말로 내리는 명령을 알아듣고 움직인다.
캐시디가 머리, 목, 팔, 손가락을 움직일 때마다 똑같이 따라 하는 기능도 있다.

5장 위험한 일을 대신하다

이 달과 화성에 가면 기지를 짓는 데 사용될 예정이다. 노스이스턴대학교 연구팀을 이끌고 있는 타스킨 파디르Taskin Padir는 R5를 우주선 밖으로 내보내 사다리를 타고 행성 표면으로 내려가 흙 표본을 모으도록 만들 생각이다.

"우주의 극한 환경은 인간에게 위험합니다. 로봇은 위험한 일에 알맞습니다. (중략) 저희는 휴머노이드 로봇이 더 많은 일을 스스로 할 수 있도록 만들기 위해 노력하고 있습니다."

6장

로봇과 친구가
될 수 있을까?

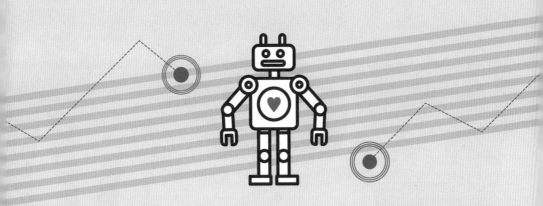

쉐이 샤오 추라는 이 로봇은
세무서를 찾은 사람들에게
세금에 대해 알려준다.

로봇 키스멧Kismet은 사람의 표정을 흉내 내는 신기한 재주가 있다. 1990년대 말 매사추세츠공과대학교 연구원 신시아 브리질Cynthia Breazeal이 만든 것으로 커다란 눈, 축 처진 귀, 두꺼운 입술을 움직여 행복, 슬픔, 놀라움, 분노는 물론 지루한 표정까지 짓는다. 아무도 말 걸지 않을 때 키스멧은 기운을 잃고 외롭다는 듯 눈을 내리깐다. 그러다 연구실에 들른 사람이 축 처진 키스멧을 보고 알록달록한 공을 눈앞에 흔들어 주면 키스멧은 행복한 표정을 짓는다. 사람들은 표정이 변하는 키스멧을 보고 즐거워하며 아이와 놀아 주듯 계속 키스멧과 어울린다.

키스멧과 노는 사람은 즐거움과 재미를 느낀다. 하지만 과연 키스멧도 그런 감정을 느낄까? 2007년 브리질은 이렇게 말했다.

"로봇은 사람이 아니지만, 사람만 감정을 느끼는 것은 아닙니다. 우리는 '로봇이 감정을 가지게 될까?'라고 묻기보다 '로봇이 느끼는 감정은 어떤 것일까?'라고 물어야 합니다."

브리질이 만든 소셜 로봇social robot 사람과 교감하는 로봇_옮긴이들을 보면 이 질문의 답을 얻을 수 있을지도 모른다. 소셜 로봇은 일상에서 사람과 함께 일하고 교감한다. 키스멧을 보면 알 수 있듯 소셜 로봇이 꼭 사

키스멧은 요즘 나오는 소셜 로봇에 비하면 단순하지만,
사람과 로봇이 의미 있는 교감을 나눌 수 있음을 보여 주었다.

람을 닮거나 움직일 필요는 없다. 브리질이 가장 최근에 만든 로봇으로 2014년 공개된 지보Jibo는 탁상 램프처럼 생겼다. 동그란 모니터가 달린 머리와 작고 매끈한 몸통, 지지대로 이루어진 지보는 책상이나 작업대 위에 놓고 쓰도록 만들어졌다. 그럼에도 친근한 목소리와 다양한 화면, 말하는 사람을 향해 몸을 돌리고 고개를 숙이는 능력은 지보를 정감 가는 믿음직한 친구처럼 보이게 한다.

지보는 가족사진을 찍어 주거나 약속 시각을 알리는 등 여러 기능을 가지고 있다. 게다가 오픈 플랫폼open platform 기반 로봇이어서 앞으로 더 발전할 가능성이 크다. 마치 스마트폰 앱처럼 여러 개발자가 만든 앱을 지보에서 쓸 수 있다는 뜻이다. 지보의 장점은 여기서 그치지 않는다. 브리질은 《워싱턴 포스트》와의 인터뷰에서 지보가 스마트폰이나 컴퓨터와 다른 점에 대해 이렇게 말했다.

"더 따뜻한 경험을 하게 해 줍니다. 그저 정보만 전달하는 차가운 성격의 로봇이 아닙니다."

브리질은 지보가 발랄하고 매력적이고 유쾌한 성격을 가졌다고 생각한다.

소셜 로봇을 만드는 다른 회사들 또한 친근감을 주는 로봇을 만들기 위해 애쓴다. 블루 프로그 로보틱스가 만든 60센티미터짜리 움직이는 로봇 버디Buddy는 바퀴를 굴려 집 안을 돌아다니며 여러 일을 한다. 버디의 얼굴은 안드로이드 운영체제가 깔린 태블릿이다. 버디의 '사람 가족'은 이 태블릿으로 버디의 설정을 바꿀 수 있다. 또 다른 소셜 로봇인 페퍼Pepper는 사람의 기분과 말, 몸짓에 반응하도록 만들어졌다. 바퀴 달린 몸체를 이용해 돌아다니며, 인간을 닮았다. 페퍼는 프랑스 회사인 알데바란 로보틱스가 2015년 여름 일본 시장에 내놓았다. 약 170만 원에 달하는 비싼 가격에 매달 데이터와 보험료로 약 20만 원을 내야 하는데도 1분도 지나지 않아 1,000대가 다 팔렸다.

로봇과 인간의 교감

사람과 교감하도록 만들어진 것이 아니어도 로봇은 주변 사람들과 친해지곤 한다. 특히 환경이 나쁠 때 사람과 가까워지는 경우가 많다. 아이로봇의 팩봇은 사람과 친해지기 위해서가 아니라 일을 하기 위해 만들어졌다. 하지만 팩봇과 함께 폭탄을 제거하거나 설치하는 군인들은 팩봇과 정이 들곤 한다. 심지어 자신을 위험에 빠뜨리면서까지 로봇을 구하는 군인도 있다. 폭탄이 터져 로봇이 망가지면 부품을 주위 와 고치려고 하기도 한다. 로봇이 부서지면 군인들은 비공식적으로나마 로봇을 1계급 특진시키기도 하고, 작전 중에 다치거나 죽은 군인에게 주는 퍼플 하트 상을 주거나 군대 예법에 따라 장례를 치르는 식으로 로봇을 기린다.

로봇 윤리 전문가인 매사추세츠공과대학교의 케이트 달링Kate

페퍼는 친근함을 주도록 만들어졌다.
사람의 몸짓과 표정, 목소리를 읽고 적절한 말과 몸짓으로 반응한다.
페퍼를 고객 서비스 담당 직원으로 쓰는 가게도 있다.

6장 로봇과 친구가 될 수 있을까?

매사추세츠주 군사 기지에서 미국 해병이
무거운 짐을 나르기 위해 만들어진 로봇을 훈련시키고 있다.
군인들은 위험한 상황에서 함께 일하는 로봇과 정을 나누기도 한다.

Darling 교수에 따르면, 사람은 움직이는 물건이면 로봇 청소기 룸바처럼 사람을 전혀 닮지 않은 물건마저 의인화하는 경향이 있다. 보스턴 다이내믹스가 개의 모습을 본떠 만든 스팟Spot처럼 동물과 닮은 로봇의 경우에는 더 그렇다. 2015년 보스턴 다이내믹스는 사람이 스팟을 발로 차는 모습을 담은 동영상을 내놓았다. 스팟이 금방 중심을 잡고 잘 걷는다는 것을 알리기 위해 만든 홍보 영상이었다. 그러나 이를 본 사람들은 잘 만들어진 로봇이라고 생각하는 대신 동물이 학대당한다고 느꼈다. 사람들은 로봇의 편에 서서 화를 냈고, 소셜미디어에 항의하는 글을 올렸다.

소셜 로봇은 사람들이 편안함을 느낄 때만 제 역할을 할 수 있다. 그러려면 로봇의 생김새가 무척 중요한데, 연구에 따르면 사람과 닮은 점이 많고 움직임이 자연스러운 로봇일수록 사람들은 편안함을 느끼지만, 사람과 너무 닮은 로봇은 오히려 불쾌감을 준다고 한다. 이 이론을 언캐니 밸리uncanny valley 불쾌한 골짜기라고 한다. 생물과 너무 닮은 무생물을 보면 불쾌한 느낌이 든다는 것이다. 하지만 이 이론을 지지하지 않는 연구자들도 있다. 고무 피부를 붙여 인간과 매우 닮은 로봇을 주로 만드는 데이비드 핸슨2005년 사람과 무척 닮은 안드로이드 딕을 만든 사람이기도 하다은 언캐니 밸리 이론이 맞지 않는다고 말했다.

"제 경험상 사람들은 (사람과 닮은) 로봇에 굉장히 빨리 익숙해집니다. 몇 분밖에 안 걸리죠."

쌍둥이 로봇

로봇공학자 이시구로 히로시ぃしぐろ ひろし는 언캐니 밸리 이론을 잘 알면서도 자신과 똑같이 생긴 로봇을 만들었다. 이시구로는 실리콘으로 피부처럼 보이는 껍질을 만들었고, 심지어 자신의 머리카락을 로봇에 심기도 했다. 앉은 상태에서 리모컨의 조종에 따라 움직이는 이 로봇은 이시구로의 목소리와 표정을 따라 한다. 이시구로는 이처럼 사람의 모습을 본떠 만든 로봇을 '게미노이드Geminoid'라고 부른다. '쌍둥이'를 뜻하는 라틴어 '게미누스 geminus'에서 온 말이다.

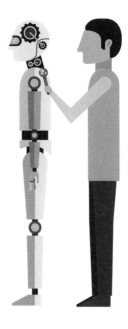

행복한 강아지

네 발 달린 로봇 아이보AIBO 일본말로 '친구'를 뜻하며, '인공지능(AI) 로봇(roBOt)'이라는 뜻도 있다는 는 살아 있는 개와 많이 닮았다. 소니가 1999년부터 2006년까지 판매한 아이보는 보고 듣고 배우고 기분을 표현한다. 아이보의 주인들은 표현이 풍부한 아이보와 깊이 교감했다.

아이보는 시장에 팔리기 전인 1998년 로보컵 축구 경기에 출전했는데, 아이보팀은 골을 넣을 때마다 흥겨운 춤을 추며 관객을 즐겁게 했다. 2006년 아이보는 카네기멜런대학교 로봇 명예의 전당에 이름을 올렸다.

소니컴퓨터과학연구소에서 아이보 로봇이
축구 기술을 선보이고 있다.

사람과 대화하는 챗봇

기계가 사람의 성격을 흉내 내게 해선 안 된다고 주장하며 소셜 로봇을 비판하는 사람들도 있다. 매사추세츠공과대학교의 심리학자 셰리 터클Sherry Turkle은 다음과 같이 단도직입적으로 말했다.

"그저 우리를 사랑하는 척, 생명을 가진 척, 우정을 아는 척하는 로봇일 뿐입니다. 거짓 관계고 거짓 공감이죠."

터클은 사람이 기계와 교감하게 되면 다른 사람과 의미 있게 관계 맺는 법을 잊어버리고 사람과 가까이 지내려는 의지를 잃을 수 있다고 걱정한다.

인간과 기계가 감정을 나누면 문제가 생길지도 모른다고 걱정하는 시각은 1960년대 중반 매사추세츠공과대학교 교수인 요제프 바이젠바움Joseph Weizenbaum이 일라이저Eliza라는 컴퓨터 프로그램을 만들면서 등장했다. 뮤지컬 〈마이 페어 레이디〉의 여주인공 이름을 딴 이 소프트웨어는 사람과 채팅을 했다. 사람이 입력한 문장에서 단어 몇 개를 뽑아 질문 형식으로 바꿔 답하는 식이었다. 다음의 대화를 보면 일라이저가 어떻게 대화를 나누는지 알 수 있다.

사람: 당신은 어딘가 제 아버지를 닮았네요.
일라이저: 어떤 점이 닮았는데요?
사람: 공격적이지 않은데 그렇게 보이지 않길 바라는 것 같아요.

일라이저: 왜 제가 공격적이지 않다고 생각하죠?

사람: 제 말에 반대되는 말을 안 하니까요.

일라이저: 왜 제가 반대되는 말을 안 한다고 생각하죠?

일라이저와의 대화는 별 의미 없이 끝나거나 말이 되지 않는 쪽으로 흘러가곤 했다. 그럼에도 일라이저는 큰 관심을 끌었다. 일라이저가 컴퓨터 프로그램이라는 사실을 알면서도 마치 사람과 이야기할 때처럼 자신에 대해 자세히 털어놓는 사람도 있었다. 바이젠바움은 이런 반응에 매우 놀랐고, 사람과 깊이 있는 대화를 하는 대신 기계와 깊이 없는 대화를 하는 사람이 생길까 봐 걱정했다. 그는 이렇게 썼다.

"지금 우리는 컴퓨터를 지혜롭게 만들 방법을 모른다. 그러니 컴퓨터에게 지혜가 필요한 일을 맡겨서는 안 된다."

일라이저가 만들어진 지 50년이 지난 오늘날에도 챗봇chatbot의 인기는 여전하다. 챗봇은 사람의 대화를 흉내 내는 컴퓨터 프로그램으로, 컴퓨터 운영체제나 메신저 앱, 웹사이트 등에서 볼 수 있다. 애플 제품의 개인 비서 프로그램으로 유명한 시리도 챗봇이다. 기업은 주로 전화 주문을 받거나 고객의 질문에 답하는 데 챗봇을 쓰고, 개인은 일정을 관리하고 약속을 잡고 정보를 얻는 데 쓴다. 스마트폰용 메신저 회사의 창립자인 테드 리빙스턴Ted Livingston은 이렇게 말했다.

"메신저 앱은 미래의 브라우저가 될 것이며 (챗)봇은 미래의 웹사

훌륭한 조교

조지아공과대학교 온라인 강의 조교인 질 왓슨Jill Watson은 학생들의 메일에 답장하고, 학생들이 컴퓨터 프로그램 짜는 것을 돕고, 숙제를 언제까지 내야 하는지 알리고, 강의 웹 사이트에 더 생각해 볼 문제들을 올리는 일을 했다. 학생들은 강의가 끝난 뒤에야 왓슨이 인공지능이라는 사실을 알고 깜짝 놀랐다. 아쇽 고엘Ashok Goel 교수는 IBM이 만든 왓슨 을 강의 조교로 사용한 것에 만족했다.

"다른 챗봇은 대개 (초보) 수준이지만, 왓슨은 전문가 수준으로 일을 해냈습니다."

이트가 될 것입니다. 우리는 새로운 인터넷 시대의 출발점에 서 있습니다."

소셜 로봇에 찬성하는 사람들은 기계가 사람들 사이의 교류를 대신하는 것이 아니라 더 나은 교류를 하도록 도울 것이라고 전망한다. 신시아 브리질은 소셜 로봇이 "부족한 사람을 채워 주는 존재"라고 말한다. 그녀는 미국을 비롯한 대부분의 나라에 노인을 보살필 사람이 부족하고 학생 한 명 한 명에게 신경 쓰기엔 선생님이 너무 적음을 지적한다. 소셜 로봇은 노인들이 스스로 삶을 꾸려 나갈 수 있도록 돕고, 바쁜 교실에서 학생과 일대일로 교감함으로써 그 빈자리를 채울 수 있다.

로봇은 의사소통을 어려워하는 자폐아를 도울 수도 있다. 사람과 어울리기 무서워하고 피하는 자폐아들은 로봇을 사람보다 덜 힘들게 느낄 수 있다. 로봇은 대부분 크기도 작고 사람보다 단순하다. 게다가 한 번에 한 가지 사회적 행동만 하도록 프로그래밍할 수도 있다. 예를 들어 눈 맞추는 것을 어려워하는 자폐아의 경우 눈 맞추는 일을 주로 하도록 로봇을 프로그래밍해서 눈을 보며 대화하는 방법을 가르칠 수 있다.

지각 있는 로봇

소셜 로봇은 사람들에게 놀라움과 기쁨, 재미를 주지만 한계가 분명하다. 주변에서 일어나는 일을 정말로 이해하지는 못하기 때문이다. 또 사람만큼 사람과 깊이 교감할 수 있는 로봇은 아직 없다. 사람처럼 생각하고 느낄 수 있는 인공일반지능 로봇만이 사람을 완전히 이해하며 자연스럽게 대화를 나눌 수 있을 것이다.

로봇이나 인공지능이 지금의 한계를 넘어 지각 있는 존재가 될지, 된다면 언제 그렇게 될지 아는 사람은 아무도 없다. 그런 일은 절대 일어나지 않을 거라 말하는 사람들도 있지만, 또 어떤 이들은 머지않아 그런 날이 온다고 믿는다.

7장

컴퓨터가 사람보다
똑똑한 세상

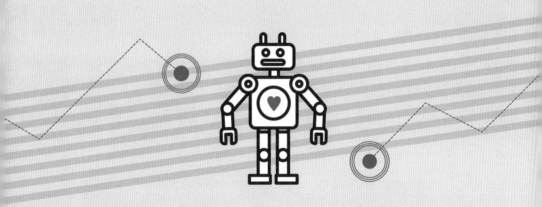

인공지능 전문가 레이 커즈와일은
2045년쯤엔 컴퓨터가 인간보다
똑똑해질 거라고 말한다.

구글이 머신 러닝과 언어 처리 기술을 개발하기 위해 인공지능 연구자 레이 커즈와일을 영입한 일은 과학자들 사이에서 화제가 됐다. 미래학자^{현재를 바탕으로 미래의 삶을 내다보는 사람}이기도 한 커즈와일은 앞으로 일어날 일을 잘 맞히기로 유명하다. 커즈와일은 2012년 12월 구글로 일자리를 옮기면서 이렇게 말했다.

"1999년 제가 질문에 대답하는 휴대전화와 자율주행차가 10년 뒤 나올 거라고 했을 때 사람들은 현실성이 없다고 말했습니다. 하지만 채 10년도 지나지 않아 구글은 자율주행차를 내놨고, 사람들은 안드로이드 폰에 말을 걸게 됐죠."

커즈와일의 가장 대담한 상상은 인공일반지능에 대한 것이다. 커즈와일은 인공일반지능을 만들 수 있다고 전망할 뿐 아니라 언제쯤 완성될지도 콕 집어 말한다. 그는 2029년쯤에는 튜링 테스트를 통과할 만한 지능을 가진 컴퓨터가 등장할 거라고 예상한다. 그때쯤이면 컴퓨터가 폭넓은 지식을 갖춰 사람처럼 진밀하고 자연스럽게 대화할 수 있다는 것이다.

심지어 튜링 테스트를 통과하는 컴퓨터는 초지능으로 가는 중간 단계일 뿐이라고 말한다. 그는 컴퓨터가 스스로 자신의 프로그래밍을 개선하고 인터넷에 있는 많은 정보를 내려받아 결국 사람보다 똑똑한 초지능이 될 거라고 믿는다. 커즈와일에 따르면 '특이점^{singularity}'이라는 이 순간은 2045년쯤 올 것이다. 특이점은 1993년 SF 소설가인 버너 빈지^{Vernor Vinge}가 만든 말로, 오늘날의 컴퓨터보다 수조 배 뛰어나고 사람보다 똑똑한 컴퓨터가 나오는 때를 가리킨다. 커즈와일은 특이점이 오면 우리가 더 좋은 삶을 누릴 뿐 아니라 영원히 살 수 있을 거라고 예측한다.

수확 가속의 법칙

커즈와일은 무어의 법칙을 응용해 만든 수확 가속의 법칙을 들어 자신의 예측을 뒷받침한다. 무어의 법칙은 반도체 회사 인텔의 공동 창업자인 고든 무어^{Gorden Moore}가 만든 법칙이다. 1960년대 무어는 컴퓨터 칩에 들어가는 트랜지스터의 크기가 해마다 빠르게 줄어들어서 칩 하나에 들어가는 트랜지스터의 수가 매년 두 배로 늘어난다는 사실을 알아냈다. 커즈와일은 이러한 무어의 법칙을 응용해 컴퓨터의 빠르기와 저장 용량, 성능이 매년 두 배로 좋아진다는 수확 가속의 법칙을 만들었다.

커즈와일은 앞으로 일어날 일을 '임금님의 체스 판^{The King's Chessboard}'이라는 짧은 동화에 빗대 설명하곤 한다. 이 동화에서 임금님은 자

인공지능의 선구자, 레이 커즈와일

레이 커즈와일은 특이점을 말하는 미래학자이기 전에 획기적인 전자 기기를 발명한 발명가이기도 하다. 1950년대 뉴욕에서 자란 커즈와일은 삼촌으로부터 컴퓨터를 배웠다. 어릴 때부터 컴퓨터 프로그램을 만들었는데, 그중에는 고등학교 숙제를 도와주는 프로그램도 있다. 음악을 좋아하는 그는 유명한 클래식 작곡가들의 작품과 비슷한 분위기로 작곡을 해 주는 프로그램도 만들었다. 커즈와일은 이 프로그램으로 열다섯 살 때 웨스팅하우스 과학 영재 선발 대회에서 우승해 1963년 백악관에 초청받았다. 1년 뒤에는 이 프로그램을 소개하기 위해 〈비밀이야I've Got a Secret〉 라는 미국 프로그램에 나가기도 했다.

커즈와일은 매사추세츠공과대학교를 졸업한 뒤 발명품을 팔기 시작했다. 그는 글을 말로 바꾸는 기계와 평판 스캐너도 발명했는데, 두 기계를 합쳐 시각 장애인에게 글을 읽어주는 기계를 만들기도 했다. 1983년에는 전문 연주가들을 놀라게 한 키보드도 만들었다. 연주자들조차 이 키보드가 내는 전자음과 실제 악기 소리를 구분하기 어려워했다.

커즈와일은 1990년대에 들어서면서부터 인류의 미래를 그리기 시작했다. "영원히 살 수 있을 때까지 오래 살자."라는 좌우명에서, 특이점이 오면 병과 죽음이 사라질 것이라는 그의 믿음을 엿볼 수 있다. 2010년 〈뉴욕 타임스〉와의 인터뷰에서 커즈와일은 이렇게 말했다.

"우리는 생물이 가진 한계를 넘어설 것입니다. 한계를 넘어서는 것이 사람으로 사는 의미니까요."

신을 도운 똑똑한 남자에게 상을 내리기 위해 남자의 방식대로 체스판에 쌀알을 올린 뒤 그만큼을 주기로 한다. 남자는 체스 판의 첫 번째 칸에 쌀을 한 톨 담았다. 두 번째 칸에는 첫 번째 칸의 두 배인 두 톨을 담았다. 세 번째 칸에는 두 번째 칸의 두 배인 네 톨을 담았다. 처음에 왕은 싼값에 신세를 갚게 됐다고 생각했지만, 곧 그것이 아님을 깨달았다. 여덟 번째 칸에 이르자 쌀은 128톨이 되어 칸 안에 다 들어가지도 않았다. 쌀알은 계속 두 배씩 불어나 마차 한 대 분량을 넘겼지만 끝이 아니었다. 계산은 체스 판의 64개 칸을 모두 채울 때까지 이어졌고, 임금님은 결국 245톤이 넘는 쌀을 주게 되었다. 왕국의 쌀을 모두 모아도 줄 수 없는 양이었다.

전자 기기 역시 일정한 속도로 발전하지 않는다. 전자 기기는 매년 두 배씩 좋아지고 있고 이런 속도로 계속 발전한다면 결국 컴퓨터의 지능이 인간을 넘어서는, 받아들이기 힘든 결과가 나올 수밖에 없다. 컴퓨터의 능력이 이렇게 계속 좋아진다면 1965년 수학자 I. J. 굿I.J. Good이 말한 '지능 대폭발intelligence explosion'이 올 것이다. 굿은 지능 대폭발이 일어나면 기계의 지능보다 "인간의 지능이 훨씬 뒤처지게 될 것"이라고 생각했다. 지능 대폭발은 빈지와 커즈와일이 말한 특이점인 셈이다.

인공지능이 사람보다 똑똑해지면 우리에게는 어떤 일이 벌어질까? 커즈와일을 비롯한 인공지능 찬성론자들은 똑똑해진 컴퓨터가 여러모로 사람을 도울 것이라고 말한다. 하지만 물리학자 스티븐 호킹이나 스웨덴의 철학자 닉 보스트롬Nick Bostrom 같은 반대론자들은 사람보다 똑똑한 기계와 함께 살게 될 날을 매우 걱정하고 있다.

유토피아를 향한 꿈

커즈와일과 같은 생각을 가진 사람들은 특이점이 유토피아로 가는 문을 열어 줄 거라고 믿는다. 특이점이 오면 병과 가난이 없는 사회에서 깨끗한 에너지를 넉넉하게 쓰며 고통과 지루한 일에서 벗어나 살 수 있다는 것이다. 이들은 사람의 뇌와 몸을 기계에 이식해 사람과 인공지능을 합침으로써 인류가 더 건강하고 강해질 거라고 말한다. 커즈와일은 2030년쯤이면 인간이 "생물보다는 비생물에 가까운", 트랜스휴머니즘transhumanism이라 불리는 상태가 될 것으로 본다. 이러한 생각을 가진 사람들을 특이점주의자라고 하는데, 이들은 결국 인간이 몸을 버리고 의식을 컴퓨터로 옮길 것이라고 믿는다. 몸 없이 마음만 계속 살아나가는 셈이다.

하지만 실제로 이렇게 하려면 인공지능 외에도 많은 기술이 발전해야만 한다. 예를 들면 유전공학생물이 어떻게 자라고 기능할지 결정하는 생물적 단위인 유전자를 바꾸는 기술 같은 것이다. 커즈와일은 인공지능의 도움을 받아 상처 입은 유전자를 건강한 유전자로 바꾸는 "재프로그래밍" 기술을 개발하면 병이 사라질 것이고, 우리는 건강한 몸과 마음을 가지게 될 것이라고 주장한다.

또한 커즈와일은 인공지능과 함께 극소 입자^{아주 작은 입자}를 다루는 나노 기술이 발전해 세상을 바꿀 거라고 예측한다. 그는 나노 기술이 발전하면 "우리의 몸과 정신과 주변 환경을, 생물의 한계를 훨씬 뛰어넘는 수준으로 다시 설계하고 조립할 수 있다."고 말했다. 커즈와일에 따르면 미래에는 수많은 나노봇^{nanobots 스스로 움직이는 아주 작은 로봇}이 우리의 혈관 속을 돌아다니며 병을 일으키는 미생물을 죽이고 노폐물을 없애고 망가진 유전자를 고칠 것이다. 또 인터넷에 있는 정보를 뇌로 내려받을 수도 있다. 심지어 심장도 필요 없다. 몸속을 돌아다니는 나노 로봇이 있으면 피를 펌프질할 필요가 없기 때문이다.

2008년 커즈와일은 실리콘 밸리에 특이점대학교^{Singularity University}를 만들었다. 이 학교에서는 수업과 학회를 비롯한 다양한 프로그램을 통해 다가올 기술 혁명에 필요한 리더십을 가르친다.

인간보다 똑똑한 초지능

인간이 가장 똑똑한 존재가 아닌 세상에서 우리는 어떤 모습으로 살게 될까? 앞으로 어떤 일이 벌어질지 아무도 모른다는 사실은 사람들을 불안하게 만든다. 셀프어웨어 시스템스의 창립자이자 물리학자이며 인공지능 연구자인 스티븐 오모훈드로^{Stephen Omohundro}는 앞으로 벌어질 일에 대한 흥미로운 추측을 내놓았다. 그의 추측은 제임스 배럿James Barrat의 책 《파이널 인벤션: 인공지능, 인류 최후의 발명Our Final Invention: Artificial Intelligence and the End of the Human Era》에 요약되어 있다. 오모훈드로는 스스로 발전하는 초지능 기계라면 자신의 목표 달성을 무엇보다 중요하게 여길 것이라 생각했다. 그리고 다음 네 가지 원칙에 따라 행동할 것이라고 말했다.

1. 초지능은 효율적일 것이고, 목표를 빨리 효과적으로 달성할 수 있다면 무엇이든 할 것이다. 이 과정에서 새로운 기술을 발명하거나 실험을 위해 가상공간을 만들어 낼 수도 있다.

2. 초지능은 자신의 존재를 보호하기 위해서라면 무슨 짓이든 할 것이다. 사람이 초지능을 위협한다면 초지능은 자신을 여러 개 복사해서 컴퓨터 클라우드에 숨기는 등 지능적인 방법으로 자신을 보호할 것이다.

3. 초지능은 임무를 달성하는 데 필요한 자원을 얻기 위해 인간이 상상도 못 하는 일을 할 것이다. 오모훈드로는 말했다.

"초지능은 당연히 더 많은 것을 가지고 싶어 할 것입니다. 목표를 더 효율적으로 달성하기 위해 더 많은 물건, 더 많은 에너지, 더 많은 공간을 원할 거예요."

예를 들어 초지능은 원자에서 핵에너지를 얻기 위해 원자로를 지을 수도 있다. 또는 광물을 더 얻기 위해 우주 탐사에 나설지도 모른다.

4. 초지능은 창의력이 뛰어날 것이다. 목표를 완벽히 이루기 위해 전에 없던 방법을 찾아낼 것이다. 이 방법은 사람이 보기에는 충격적일지도 모른다. 배럿은 사람을 보호하도록 프로그래밍된 초지능이 안전한 집 안에 사람을 가두는 상황을 예로 들었다.

물론 배럿의 예상은 전혀 들어맞지 않을 수도 있다. 하지만 그의 추측은 초지능이 예상 밖의 기이한 행동을 할 수도 있다는 중요한 사실을 알려 준다.

매사추세츠공과대학교의 물리학과 교수인 막스 테그마르크Max Tegmark 또한 초지능이 가져올 위험을 걱정한다. 2014년 4월 그는 과학자 서른세 명과 함께 빠르게 발전하는 인공지능의 위험성에 관해 이야기하는 자리를 마련했다. 과학자들은 토론 끝에 초지능의 안전 문제를 연구하고 널리 알리는 생명의미래연구소Future of Life Institute를 만들었다.

테그마르크는 스티븐 호킹, 노벨상을 수상한 물리학자 프랭크 윌첵Frank Wilczek, 인공지능 연구자 스튜어트 러셀Stuart Russell과 함께 〈허핑턴 포스트〉에 성명서를 냈다.

"우리가 인공지능을 만드는 데 성공한다면 이는 아마도 인류 역사상 가장 엄청난 사건으로 기록될 것이다. (중략) 불행히도 이는 인류 역사의 마지막 사건이 될 수도 있다. (중략) 인공지능의 영향력은 단

미군은 군사용 드론 MQ-9 리퍼로 적을 살피고 폭탄을 떨어뜨린다.
리퍼는 사람이 조종하는 드론이지만, 언젠가는 고도의 인공지능을 가진 드론이 개발돼
드론 스스로 폭격을 결정하는 날이 올지도 모른다.

기적으로는 누가 그것을 조종하느냐에 달렸지만, 장기적으로는 인간이 과연 인공지능을 제어할 수 있느냐에 달려 있다."

생명의미래연구소는 인공지능이 가져올 위험을 줄일 방법을 내놓는 사람들에게 상금을 주고 있다. 2015년 12월까지 총 700만 달러(약 75억 원)의 상금이 지급됐다.

SF 소설과 영화에는 지나치게 인공지능에 의지한 나머지 위험에 빠지는 상황이 자주 나온다. 1968년에 개봉된 영화 〈2001 스페이스 오디세이2001: A Space Odyssey〉에는 의지를 가진 똑똑한 컴퓨터 할9000이 등장한다. 할은 우주선 디스커버리호의 조종을 맡는데, 할이 우주 탐험 계획을 지휘하고 모든 우주비행사를 조종하려 하면서 문제가 벌어진다. 할은 목표를 달성하기 위해서라면 살인도 마다하지 않는다. 손에 땀을 쥐게 하는 이 영화에서 유일하게 살아남는 우주비행사는 결국 공포에 질려 그만하라고 애원하는 할의 회로를 하나씩 뽑는다.

이 영화가 나온 지 거의 50년이 지난 오늘날, 과학자들은 인공일반지능의 발명이 인간에게 도움이 될 수도 있지만 매우 위험할 수도 있음을 인정한다. 커즈와일조차 인공일반지능은 "양날의 검"이 될 수 있다고 말할 정도다. 커즈와일은 인공지능이 인류에게 도움이 되겠지만, 한편으로는 "위험한 사상에 힘을 실어 줄 것"이라고 예측했다.

테슬라와 우주 탐사 회사 스페이스 엑스를 만든 일론 머스크 또한 2014년 매사추세츠공과대학교 강연에서 걱정을 내비쳤다. 머스크는 경고했다.

"우리는 인공지능으로 악마를 소환하고 있습니다."

인공지능 연구자들은 사람에게 해를 끼치지 않는, 사람을 돕고 사람의 가치를 중요하게 생각하는 인공지능을 만들기 위해 노력하고 있다.

인공지능과
공존한다는 것

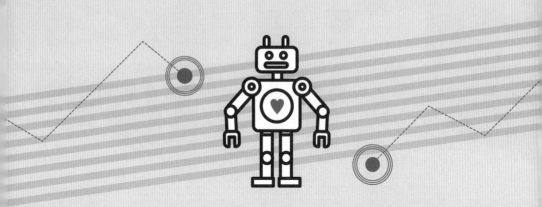

드라마 〈스타트렉〉은 묻는다.
데이터 소령 같은 안드로이드는
인간과 같은 권리를 가질까?

드라마 〈스타트렉〉의 데이터 소령은 동료들보다 훨씬 똑똑한 안드로이드인으로, 사람처럼 자신의 운명을 스스로 정하고 싶어 한다. 그런데 과연, 데이터 소령에게 법적 권리가 있을까?

드라마에서 데이터 소령을 만든 스타플릿의 사령관 브루스 매덕스는 데이터 소령의 뇌가 작동하는 방식을 알아내기 위해 그의 정신을 컴퓨터로 옮긴 다음 몸을 분해하고 싶어 한다. 데이터 소령은 이 계획에 반대하며 사람으로 인정받고자 한다. 결국 재판이 열리는데, 긴장감이 감도는 가운데 매덕스 측은 갑자기 데이터 소령의 전원을 끄며 데이터 소령이 그저 기계일 뿐이라고 주장한다.

반면에 우주선 선장인 장 뤽 피카드는 데이터 소령을 친구이자 훌륭한 동료로 생각한다. 피카드 선장은 데이터 소령의 변호인으로 나서서 자아가 있는 존재를 물건처럼 다루는 행동은 그를 노예 취급하는 것이나 마찬가지라고 주장한다. 자식이 부모의 소유물이 아니듯, 데이터 소령도 그를 만든 스타플릿의 소유물이 아니라는 말이다.

1989년 2월 방송되어 많은 찬사를 받은 이 이야기는 시대를 매우 앞선 것이었다. 하지만 이제는 컴퓨터와 로봇이 계속 똑똑해지고 있는 만큼 인공지능의 권리문제가 정말 현실이 되고 있다. 드라마에서

판사는 피카드 선장의 변호를 듣고 데이터 소령의 손을 들어준다. 안드로이드의 몸에 안드로이드가 반대하는 시술을 해선 안 된다고 결론 내린 것이다.

만일 인공지능이 투표를 하거나 아이를 입양하거나 자신을 만든 기업에 소송을 걸고 싶어 한다면 어떻게 해야 할까? 사람의 권리와 인공지능의 권리는 어떻게 달라야 할까? 지각 있는 기계는 그를 노예로 부리려는 사람들로부터 보호받아야 한다. 하지만 사람들 또한 사람의 고통에 무관심한 초지능 기계나 인공지능을 이용해 나쁜 짓을 하려는 사람들로부터 보호받아야 할 것이다.

인공지능 vs 지능증강

데이터 소령은 사람을 대신하는 것이 아니라 사람과 '함께' 일하도록 만들어졌다. 무뚝뚝하긴 하지만 동료들과도 잘 어울린다. 지나치게 똑똑하고 논리적이라는 이유로 데이터 소령을 무서워하는 사람도 없다. 데이터 소령은 다른 동료들처럼 우주선 엔터프라이즈호의 조종실에 자리를 잡고, 동료들의 일을 도와준다. 그런데 사실 데이터 소령은 다른 식으로 일할 수도 있었다. 만일 우주선 조종은 데이터 소령과 안드로이드 동료들이 하고 사람들은 호화로운 우주여행을 즐기기만 했다면 어땠을까?

인공지능 연구자들은 자주 이런 고민에 빠진다. 사람 없이 일할 수 있는 인공일반지능을 만들어야 할까, 아니면 사람의 능력과 장점을 살리도록 돕는 지능증강IA, Intelligence Augmentation 기계를 만들어야 할까? 지능증강 기계는 사람이 없으면 일을 못 한다. 예를 들어 환자를 진단하도록 만들어진 컴퓨터는 의사의 허락 없이 환자에게 확실한 답변을 줄 수 없다.

존 마코프John Markoff의 《우아함을 사랑한 기계들Machines of Loving Grace》을 보면 인공일반지능을 만들려는 사람들과 지능증강 기계를 만들려는 사람들 사이의 팽팽한 긴장감을 엿볼 수 있다. 1963년 두 컴퓨터 과학자가 아주 다른 목적을 가진 두 연구 단체를 설립했다. 존 매카시는 스탠퍼드인공지능센터를 만들어 인간과 같은 보편 지능을 가진 '생각하는 기계'를 만들고자 했다. 반면에 컴퓨터 마우스를 발명한 더글러스 엥겔바트Douglas Engelbart는 지능증강 기계를 만들어 사람들이 더 효율적으로 빠르게 일하도록 돕고 싶어 했다.

대표적인 지능증강 기계로는 구글 검색기가 있다. 구글 검색기는 사용자가 원하는 많은 양의 정보를 줄 뿐, 정보를 골라내고 판단하는 일은 사람이 하도록 둔다. 이와 달리 인공일반지능은 어떤 자료를 검색할지부터 찾은 자료를 어떻게 쓸지까지 모두 스스로 결정한다.

로봇에게 도덕을 가르치다

컴퓨터가 사람만큼 똑똑해지거나 사람보다 똑똑해지면 컴퓨터의 도덕성이 중요한 문제가 될 것이다. 인공지능이 사람과 같은 생각을 하고 같은 가치를 중요시할 것이라는 보장은 없다. 연구자들은 기계가 인간에게 해를 끼치는 것을 막기 위한 안전장치로 아이작 아시모프의 로봇 3원칙을 들곤 하지만, 소설과 달리 현실에서는 잘 지켜지지 않을 수도 있다.

로봇에게 도덕을 가르칠 수 있을까? UC버클리대학교의 컴퓨터 과학자 스튜어트 러셀은 로봇도 도덕을 배울 수 있다고 주장한다. 교내 잡지에 실린 기사에서 러셀은 다음과 같이 말했다.

"기계가 똑똑해질수록 기계 스스로 사람과 같은 가치를 추구하게 만드는 일이 점점 더 중요해질 것이다."

기계에게 도덕을 가르치는 것도 인공지능을 만들 때처럼 탑다운과 바텀업의 두 가지 방식이 있다. 탑다운 방식은 기계가 가졌으면 하는 도덕성을 프로그래밍해서 넣는 것이다. 하지만 러셀은 이런 방식을 쓰면 빠뜨리는 것이 생길 수 있다고 말한다. 컴퓨터에게 아주 섬세한 도덕 규칙까지 하나하나 모두 전달할 수는 없기 때문이다. 또 사람마다 옳고 그름에 대한 생각이 다르다는 문제도 있다. 옳고 그름에 대한 판단은 종교에 따라, 나라에 따라, 지지하는 당에 따라 달라진다. 누군가 프로그래밍한 도덕성은 다른 사람의 눈에 옳지 않게 보일 수 있다.

영화 〈2001 스페이스 오디세이〉에서 우주비행사 데이비드 보먼이
동료들을 죽인 컴퓨터 할의 회로를 뽑고 있다.
미래에는 컴퓨터가 사람보다 똑똑해질지도 모른다.
컴퓨터는 과연 옳고 그름을 가릴 수 있을까?

8장 인공지능과 공존한다는 것

바텀업 방식은 머신 러닝처럼 인공지능에게 여러 사례를 보여 주며 도덕 지식을 배우게 하는 것이다. 도덕 규칙과 하면 안 되는 일을 직접 프로그래밍해 넣는 대신, 손을 흔들며 인사하는 모습이나 넘어진 사람을 일으켜 세워 주는 모습을 보여 주고 따라 하게 함으로써 옳은 행동을 가르치는 것이다.

역강화학습IRL, Inverse Reinforcement Learning이라는 인공지능 기술을 쓰면 단순히 사람의 행동을 흉내 내는 수준을 넘어서는 로봇을 만들 수 있다. 역강화학습으로 학습한 로봇은 사람의 행동에 숨겨진 의도를 이해할 수 있다. 러셀은 로봇이 텔레비전 방송과 뉴스, 인터넷 글, 웹사이트, 영화, 책을 통해 옳고 그름을 배울 수 있다고 주장한다. 러셀은 다음과 같이 말했다.

"(로봇은) 무엇이 사람을 즐겁게 하고, 무엇이 사람을 슬프게 하고, 어떤 일을 저지르면 감옥에 가고, 상을 받으려면 어떻게 해야 하는지 배우게 될 것이다."

많은 사람에게 이런 생각은 얼토당토않아 보일 것이다. 지금까지 옳고 그름을 가리는 수준에 가까이 간 로봇은 하나도 없다. 어쨌든 사람과 인공일반지능이 평화롭게 어울리려면 사람이 중요하게 여기는 가치를 똑같이 중요시하는 인공지능을 만들어야 할 것이다.

로봇의 권리

1999년 피터 리마인Peter Remine은 미국로봇학대방지협회American Society for the Prevention of Cruelty to Robots를 만들었다. 그는 이 협회를 진지하게 받아들이기보다 웃음거리로 삼는 사람이 많을 것임을 알고 있었다. 리마인은 온라인 잡지 《마더보드》에 이렇게 말했다.

"언젠가는 진지하게 받아들여질 생각을 담은 재미있는 웹사이트를 하나 만들었을 뿐이지요."

하지만 리마인은 실제로 자아를 가진 로봇이 만들어진다면 그 로봇의 기본적인 권리를 보장해야 한다고 주장한다. 그는 로봇이 보장받아야 할 권리로 "생명, 자유, 지적 추구권"을 들었다. 이는 시민의 삶, 자유, 행복 추구권을 보장하는 미국 독립선언문을 재치 있게 바꾼 것이다.

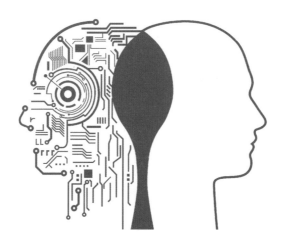

종말일까, 시작일까

특이점주의자들은 언젠가 사람의 정신을 컴퓨터로 옮길 수 있게 되어 사람과 기계가 하나로 합쳐질 것이라고 본다. 반면에 이런 일은 절대 일어날 수 없을 뿐 아니라 만에 하나 일어난다고 해도 정신을 컴퓨터로 옮기진 않을 거라고 말하는 사람들도 있다. 예일대학교의 컴퓨터 과학자 데이비드 겔런터David Gelernter는 인간의 정신은 절대 컴퓨터로 옮길 수 없다고 말한다. 그는 2016년《타임》과의 인터뷰에서 이에 관한 질문을 받자 다음과 같이 말했다.

"대체 무슨 말인지조차 모르겠는걸요? 컴퓨터로 옮겨져 작동하는 마음은 저라고 할 수 없습니다."

겔런터는 사람의 마음을 사람의 감정과 몸으로부터 분리할 수 없다고 주장한다. 그는 이렇게 말했다.

"의식이란 (뇌만이 아니라) 몸 전체와 관련되어 있습니다."

또한 겔런터는 의식이 사람의 나이에 따라 달라질 뿐만 아니라 하루 동안에도 매우 집중하거나 몽롱해지는 등 수많은 상태를 오가며 바뀐다고 지적한다. 그는 사람이 논리, 지식, 꿈, 무서움, 기쁨, 열망을 통해 이 모든 상태를 경험하는 존재라고 말한다. 우리의 몸은 우리를 만드는 중요한 부분인 것이다. 겔런터는 우리의 몸이 기계로 바뀐다면 정신의 중요한 특징이 없어져 사실상 인간성이 사라질 것이라고 주장한다.

그는 사람이 기계와 합쳐지는 날은 오지 않을 거라고 믿지만, 기계가 계속 똑똑해져서 보통 사람의 지능지수인 아이큐IQ 100을 넘어서는 날은 올 수 있다고 본다. 그리고 일단 기계가 이 수준에 이르면 500이나 5000 같은 아주 높은 아이큐에 도달하는 일도 시간문제가 될 것이라고 말한다.체스 챔피언 게리 카스파로프의 아이큐가 190임을 떠올리면 이는 엄청나게 높은 지능이다. 겔런터는 〈월 스트리트 저널〉에 보낸 글에 이렇게 썼다.

"지금으로서는 아이큐 5000이 어떤 일을 할 수 있을지조차 알기 힘들다."

그리고 너무 똑똑해진 기계는 사람을 특별하게 여기지 않을 것이라고 말한다. 사람을 다른 동식물과 똑같이 여길 것이라는 뜻이다. 결국 기계는 사람의 행복에 무관심해질 것이다. 겔런터는 경고한다.

"인간보다 훨씬 똑똑한 로봇은 핵폭탄만큼 위험할 수도 있다."

초지능이 앞으로 어떻게 발전해 어떤 의도를 품게 될지 아는 사람은 아무도 없다. 몇몇 연구자는 되도록 좋은 쪽으로 초점을 맞추고자 한다. 소프트웨어 기업 뉘앙스 커뮤니케이션스에서 인공지능 연구를 맡고 있는 찰스 오리츠Charles Ortiz는 인공일반지능이 앞으로 몇 년 안에 나오지는 않을 거라고 믿는다. 2014년 그는 인공일반지능이 만들어진다고 해도 "왜 기계가 사람보다 똑똑해지면 (중략) 우리를 파괴하고 상처 입힐 거라고 생각하는지 모르겠다."고 말했다. 그는 지능을 갖춘 기계라면 자기를 만든 사람을 "선생님"이나 "동료"로 생각해서 오히려 고마워할 수도 있다고 주장한다. 물론 인공지능이 우리를 해

로봇 나오Nao는 인공지능이 사람에게 어떤 도움을 줄 수 있는지 보여 준다.
나오는 백혈병으로 입원한 소년 대신 수업을 받고,
소년은 병실에서 태블릿으로 나오를 조종한다.
소년은 나오의 센서 덕분에 교실에서 일어나는 일을 보고 들을 수 있고,
다른 친구들과 어울리며 수업에 참여할 수 있다.

수상한 인공지능

칠 수도 있고 나쁜 목적으로 사용될 가능성도 있지만 "인류의 종말이 온다는 예측"은 너무 부풀려졌다는 것이다.

"우리는 이런 예측 대신 인공지능의 장점에 초점을 맞춰야 합니다. 인공지능을 무서워하게 만들 필요는 없습니다."

계속되는 논쟁

인공지능이 우리에게 도움이 될지 해가 될지에 관한 논쟁은 앞으로도 계속될 것이다. 인공일반지능과 초지능은 사람과 친구가 될까, 적이 될까, 남이 될까? 더 나은 미래를 만들려면 어떻게 해야 할까? 인공지능에 대한 논쟁은 사람들이 기술의 변화에 제대로 대처하도록 하고, 과학자들이 경제, 사회, 안전 문제를 고려하며 연구하도록 만들 것이다.

사람은 여전히 지구상에서 가장 똑똑한 존재고, 앞으로도 오랫동안 이 사실은 변하지 않을 것이다. 하지만 컴퓨터는 이미 사람보다 훌륭하게 자료를 처리하고 사람이 몇 달 또는 몇 년에 걸쳐 푸는 문제를 훨씬 빨리 풀어낸다. 인공지능은 세상은 물론 우리 자신에 대해서도 많은 것을 생각하게 한다. 인공지능을 만들고 인공지능과 사람의 다른 면을 찾아내는 과정에서 우리는 인간을 인간이게 하는 것이 무엇인지 더 잘 알게 될 것이다.

미래 엿보기

미국의 워싱턴 D. C.에 가면 인공지능의 미래를 볼 수 있다. 이곳에서는 3D 프린터로 만든 자율주행 버스 올리를 스마트폰 앱으로 불러 탈 수 있다. 열두 개의 좌석이 있는 올리는 한 시간에 13킬로미터의 최고 속력으로 시내를 달린다. 승객들은 올리에 설치돼 있는 IBM 왓슨에게 목적지까지 가는 길이나 올리에 관해 물어볼 수도 있다.

〈제퍼디!〉 최고의 우승자로 꼽히는 두 사람을 물리치고 상금 100만 달러를 타낸 왓슨은 이후 수백 만 건의 의학, 법학 문서를 입력받으며 새로운 능력을 길렀다. 왓슨은 어떤 의사나 변호사와도 비교되지 않는 방대한 지식으로 환자를 진찰하고 재판에 필요한 자료를 찾는다. 왓슨의 앱 가운데 하나인 소피Sophie는 수의사가 최신 치료법으로 동물을 치료하도록 돕는다. 또 다른 앱인 어셔Usher는 박물관을 찾은 관람객이 궁금한 점을 묻고 답을 들으며 전시품을 볼 수 있는 맞춤형 투어를 진행한다.

심지어 왓슨은 뉴욕의 요리학교 ICEInstitute of Culinary Education와 함께 공부한 뒤 65가지 새로운 요리법을 만들어 내기도 했다. 2015년에

인공지능 버스 올리는 자율주행을 하고, 승객과 대화도 나눈다.

는 요리책《요리사 왓슨과 함께하는 인지 요리Cognitive Cooking with Chef Watson》를 펴냈다. 최근 IBM은 기상관측소 14만 곳과 미국 기상청, 그리고 세계 기상청의 자료를 사들였다. 왓슨은 곧 이 자료를 이용해 지금보다 훨씬 정확하게 날씨를 예측할 것이다.

왓슨이 하는 일은 앞으로 인공지능이 할 일에 비하면 아주 작은 부분에 지나지 않는다. 인공지능 전문가 토비 월시Toby Walsh는 말했다.

"미래에 컴퓨터가 사람보다 잘할 일이면 몰라도 못할 일은 떠올리기가 힘듭니다."

기계가 지각을 가질 수 있든 없든, 앞으로도 인공지능은 우리의 삶을 인간이 미처 상상하지 못한 방식으로 바꿀 것이다.

용어 설명

- **강인공지능**　사람이 푸는 모든 문제를 이해하고 풀 수 있는 인공지능.
- **나노 기술**　원자나 분자보다 아주 조금 더 큰 크기의 기계를 만드는 데 쓰이는 기술. 인공지능과 나노 기술이 의료를 비롯해 많은 분야를 바꿀 것이라고 주장하는 연구자들도 있다.
- **드론**　리모컨 조종으로 움직이는 무인 항공기나 배.
- **딥 러닝**　여러 층의 인공 신경망을 엄청나게 많은 정보로 학습시키는 기술. 인공 신경망 스스로 정보를 살피고 결론을 내리게 한다.
- **로봇**　복잡한 일이나 반복적인 일을 자동으로 하는 기계. 사람과 닮은 로봇도 많다.
- **소셜 로봇 공학**　사람과 로봇이 어울릴 수 있는 방법을 연구하는 학문.
- **수확 가속의 법칙**　레이 커즈와일이 제안한 이론으로, 전자 기기의 속력, 저장 용량, 성능이 매년 두 배씩 발전한다는 것이다.
- **안드로이드**　사람을 닮은, 움직이는 로봇.
- **알고리즘**　컴퓨터가 문제를 풀 때 쓰는 규칙이나 절차의 집합.
- **약인공지능**　검색, 화학 성분 분석 등 정해진 일만 하도록 만들어진 인공지능.
- **인공 신경망**　사람의 뇌가 일하는 방식을 본떠서 만든 컴퓨터 시스템.
- **인공일반지능(AGI)**　스스로 배우는 '생각하는 기계'로, 자신의 프로그램을 스스로 고치고 사람의 지시 없이도 사람이 푸는 문제를 풀 수 있다.
- **인공지능(AI)**　추론 능력이 있어 문제를 풀 수 있는 기계, 또는 지능이 있는 기계를 만드는 컴퓨터 과학의 한 분야를 이르는 말이다.
- **전문가 시스템**　사업, 의료 등 특정 분야에 대한 많은 정보를 저장하고 있는 컴퓨터. 정보 처리 방법도 자세히 프로그래밍되어 있다.
- **지능증강**　인공지능으로 사람의 지능을 대신하는 것이 아니라 사람 지능의 부족한 부분을 메워 주는 것.

- **챗봇** 사람과 대화를 나눌 수 있는 컴퓨터 프로그램. 아이폰의 개인 비서 프로그램 시리, 기업의 웹사이트에서 고객의 질문에 답하는 챗봇 등이 있다.
- **튜링 테스트** 인공지능 판별법. 컴퓨터를 볼 수 없는 곳에서 사람이 질문을 던지고 답을 받은 뒤 그 답을 컴퓨터가 냈는지 사람이 냈는지 구분해 냄으로써 기계의 지능을 판단한다.
- **특이점** 기계의 지능이 인간의 지능을 앞서게 될 미래의 어느 시점. 몇몇 연구자는 2045년에 특이점이 올 것이라고 주장한다.
- **프로세서** 컴퓨터의 정보를 정리하고 할 일을 지시하는 장치.

참고문헌

- 니콜라스 카Nicholas Carr, 《*The Shallows: What the Internet Is Doing to Our Brains*》, 뉴욕New York: W. W. 노튼W. W. Norton, 2010(최지향 옮김, 《생각하지 않는 사람들: 인터넷이 우리의 뇌 구조를 바꾸고 있다》, 청림출판, 2011).

- 닉 보스트롬Nick Bostrom, 《*Superintelligence: Paths, Dangers, Strategies*》, 옥스퍼드 Oxford: 옥스퍼드대학교 출판부Oxford University Press, 2014(조성진 옮김, 《슈퍼 인텔리전스: 경로, 위험, 전략》, 까치, 2017).

- 데이비드 A. 민델David A. Mindell, 《우리 로봇, 우리 자신: 로봇 공학과 자율성의 신화*Our Robots, Ourselves: Robotics and the Myths of Autonomy*》, 뉴욕New York: 바이킹Viking, 2015.

- 데이비드 겔런터David Gelernter, 《마음의 물결: 의식의 스펙트럼을 드러내다*The Tides of Mind: Uncovering the Spectrum of Consciousness*》, 뉴욕New York: 리버라이트 Liveright, 2016.

- 레이 커즈와일Ray Kurzweil, 《*The Singularity Is Near: When Humans Transcend Biology*》, 뉴욕New York: 펭귄 북스Penguin Books, 2005(김명남, 장시형 옮김, 《특이점이 온다: 기술이 인간을 초월하는 순간》, 김영사, 2007).

- 로드니 브룩스Rodney Brooks, 레이 커즈와일Ray Kurzweil, 데이비드 겔런터David Gelernter, "기계 의식에 관한 겔런터, 커즈와일 논쟁Gelernter, Kurzweil Debate Machine Consciousness", 커즈와일 액셀러레이팅 인텔리전스Kurzweil Accelerating Intelligence, 2006. 12. 6, http://www.kurzweilai.net/gelernter-kurzweil-debate-machine-consciousness-2.

- 리사 녹스Lisa Nocks, 《로봇: 기술의 전기*The Robot: The Life Story of a Technology*》, 볼티모어Baltimore: 존스홉킨스대학교 출판부Johns Hopkins University Press, 2007.

- 마틴 포드Martin Ford, 《*Rise of the Robots: Technology and the Threat of a Jobless Future*》, 뉴욕New York: 베이직 북스Basic Books, 2015(이창희 옮김, 《로봇의 부상: 인공지능의 진화와 미래의 실직 위험》, 세종서적, 2016).

- 빌 조이Bill Joy, "왜 미래는 우리를 필요로 하지 않을까Why the Future Doesn't Need Us", 《와이어드Wired》, 2000. 4. 1, http://www.wired.com/2000/04/joy-2/.

- 스튜어트 암스트롱Stuart Armstrong, 《인간보다 영리한: 기계 지능의 발달Smarter Than Us: The Rise of Machine Intelligence》, 캘리포니아 버클리Berkeley, CA: 기계 지능 연구소 Machine Intelligence Research Institute, 2014.

- 에릭 브린욜프슨Erik Brynjolfsson, 앤드루 맥아피Andrew McAfee, 《제2의 기계 시대: 눈부신 기술 시대의 일, 발전, 번영The Second Machine Age: Work, Progress, and Prosperity in a Time of Brilliant Technologies》, 뉴욕New York: W. W. 노튼W. W. Norton, 2014.

- 제임스 배럿James Barrat, 《Our Final Invention: Artificial Intelligence and the End of the Human Era》, 뉴욕New York: 토머스 듄 북스Thomas Dunne Books, 2013(정지훈 옮김, 《파이널 인벤션: 인공지능, 인류 최후의 발명》, 동아시아, 2016.)

- 제프 굿델Jeff Goodell, "인공지능 혁명의 내부: 특별 리포트 제1부Inside the Artificial Intelligence Revolution: A Special Report, Pt. 1." 《롤링 스톤Rolling Stone》, 2016. 2. 29, http://www.rollingstone.com/culture/features/inside-the-artificial-intelligence-revolution-a-special-report-pt-1-20160229.

- 제프 굿델Jeff Goodell, "인공지능 혁명의 내부: 특별 리포트 제2부Inside the Artificial Intelligence Revolution: A Special Report, Pt. 2", 《롤링 스톤》, 2016. 3. 9, http://www.rollingstone.com/culture/features/inside-the-artificial-intelligence-revolution-a-special-report-pt-2-20160309.

- 존 마코프John Markoff, 《우아함을 사랑한 기계들: 인간과 로봇의 공통점을 찾아서 Machines of Loving Grace: The Quest for Common Ground between Humans and Robots》, 뉴욕New York: 에코Ecco, 2015.

- 존 마코프John Markoff, "초인간의 조건The Transhuman Condition", 《하퍼스Harper's》, 2015. 8, http://harpers.org/archive/2015/08/the-transhuman-condition/.

- 칼럼 체이스Calum Chace, 《AI 살아남기: 인공지능의 약속과 위험Surviving AI: The Promise and Peril of Artificial Intelligence》, 캘리포니아 샌마테오San Mateo, CA: 쓰리씨스Three Cs, 2015.

- 패멜라 맥코덕Pamela McCorduck, 《생각하는 기계: 인공지능의 역사와 전망에 대한 개인적 탐구Machines Who Think: A Personal Inquiry into the History and Prospects of Artificial Intelligence》, 매사추세츠 나티크Natick, MA: A. K. 피터스A. K. Peters, 2004.
- 휘트니 블레이Whitby, Blay, 《인공지능: 입문자를 위한 가이드Artificial Intelligence: A Beginner's Guide》, 옥스퍼드Oxford: 원월드Oneworld, 2003.

내용 출처

9쪽   탐 러몬트Tom Lamont, "〈제퍼디!〉 챔피언과 겨룰 컴퓨터, 왓슨을 만나 보자Meet Watson, the Computer Set to Outsmart the Champions of Jeopardy!", 〈가디언 미국판 Guardian US ed.〉, 2011. 2. 5, http://www.theguardian.com/technology/2011/feb/06/watson-ibm-computer-jeopardy-compete.

10쪽   "나는 우리의 새로운 군주, 컴퓨터 님을 환영합니다I, for One Welcome Our New Computer Overlords", 시커Seeker, 2011. 2. 11, http://www.seeker.com/i-for-one-welcome-our-new-computer-overlords-1765179390.html.

13쪽   스티븐 호킹Stephen Hawking, 스튜어트 러셀Stuart Russell, 막스 테그마르크Max Tegmark, 프랭크 윌첵Frank Wilczek, "Transcending Complacency on Super-intelligent Machines", 〈허핑턴 포스트Huffington Post〉, 2014. 4. 19(마지막 수정일), http://www.huffingtonpost.com/stephen-hawking/artificial-intelligence_b_5174265.html["슈퍼인공지능과 인류의 앞날", 〈허핑턴 포스트 코리아〉, 2014. 4. 22(마지막 수정일), http://www.huffingtonpost.kr/stephen-hawking/story_b_5188750.html].

17쪽   헥터 레베스크Hector Levesque, 《컴퓨터 사고: 첫 번째 강의Thinking as Computation: A First Course》, 매사추세츠 캠브리지Cambridge, MA, 매사추세츠공과대학교 출판부MIT Press, 2012.

21쪽   카비타 아이어Kavita Iyer, "인공지능 로봇이 자신을 만든 인간을 사람 동물원에 가두겠다고 말하다AI Robot Tells Human Creators That It Will Keep Them in a People Zoo", 〈테크웜TechWorm〉, 2015. 9. 1, http://www.techworm.net/2015/09/ai-robot-tells-human-creators-that-it-will-keep-them-in-a-people-zoo.html.

24쪽   "배비지의 차분기관The Babbage Engine", 컴퓨터 역사박물관Computer History Museum, 2016. 10. 24(접속 일자), http://www.computerhistory.org/babbage/overview/.

32쪽   C. 다이앤 마틴C. Dianne Martin, "에니악: 세계를 충격에 빠뜨린 기자회견ENIAC: The Press Conference That Shook the World", 조지워싱턴대학교George Washington University, 2016. 10. 24(접속 일자), https://www.seas.gwu.edu/~mfeldman/csci110/summer08/eniac2.pdf.

35쪽   루크 뮤엘하우저Luke Muehlhauser, "인공지능 입문Introduction to Artificial Intelligence", 〈코먼 센스 에이시즘Common Sense Atheism〉, 2011. 3. 8, http://commonsenseatheism.com/?p=13971.

35쪽   해리 헨더슨Harry Henderson, 《인공지능: 마음의 거울Artificial Intelligence: Mirrors for the Mind》, 뉴욕New York: 첼시 하우스Chelsea House, 2007, 33쪽.

35쪽   패멀라 매코덕Pamela McCorduck, 《생각하는 기계: 인공지능의 역사와 전망에 대한 개인적 탐구Machines Who Think: A Personal Inquiry into the History and Prospects of Artificial Intelligence》, 매사추세츠 나티크Natick, MA: A. K. 피터스A. K. Peters, 2004, 115쪽.

37쪽   존 마코프John Markoff, 《우아함을 사랑한 기계들: 인간과 로봇의 공통점을 찾아서Machines of Loving Grace: The Quest for Common Ground between Humans and Robots》, 뉴욕New York: 에코Ecco, 2015, 108쪽.

37쪽   닉 보스트롬Nick Bostrom, 《Superintelligence: Paths, Dangers, Strategies》, 옥스퍼드Oxford: 옥스퍼드대학교 출판부Oxford University Press, 2014(조성진 옮김, 《슈퍼 인텔리전스: 경로, 위험, 전략》, 까치, 2017).

37쪽   해리 헨더슨, 《인공지능》, 42쪽.

37쪽   같은 책, 53쪽.

40쪽   "셰이키Shakey", SRI 인터내셔널SRI International, 2016. 9. 16(접속 일자), http://www.ai.sri.com/shakey/.

40쪽   데이비드 손디David Szondy, "셰이키의 50년, '세계 최초의 전자 인간'Fifty Years of Shakey, the 'World's First Electronic Person'", 《뉴 아틀라스New Atlas》, 2015. 6. 17, http://newatlas.com/shakey-robot-sri-fiftieth-anniversary/37668/.

44-45쪽   마이클 슈라지Michael Schrage, "5세대 컴퓨터, 글로벌 컴퓨터 경쟁을 촉발하다Fifth Generation Spurs a Global Computer Race", 〈워싱턴 포스트Washington Post〉, 1984. 7.

12, https://www.washingtonpost.com/archive/business/1984/07/12/5th-generation-spurs-a-global-computer-race/bbaebc1a-19d5-4b2d-9ba7-7f676849b1dc/.

47쪽 　"티머시 버너스리Sir Timothy Berners-Lee", 아카데미 오브 어치브먼트Academy of Achievement, 2017. 2. 24(접속 일자), http://prodloadbalancer-1055872027.us-east-1.elb.amazonaws.com/autodoc/page/ber1int-3.

55쪽 　개리 마커스Gary Marcus, "'딥 러닝'은 인공지능 혁명일까?Is 'Deep Learning' a Revolution in Artificial Intelligence?", 《뉴요커New Yorker》, 2012. 11. 25, http://www.newyorker.com/news/news-desk/is-deep-learning-a-revolution-in-artificial-intelligence.

55쪽 　패멀라 매코덕, 《생각하는 기계》, 105쪽.

57쪽 　아담 로저스Adam Rogers, "로봇에게 인공지능 선구자 마빈 민스키의 추도사를 부탁했다We Asked a Robot to Write an Obit for AI Pioneer Marvin Minsky", 《와이어드Wired》, 2016 1. 26, https://www.wired.com/2016/01/we-asked-a-robot-to-write-an-obit-for-ai-pioneer-marvin-minsky/.

58쪽 　존 마코프, 《우아함을 사랑한 기계들》, 144쪽.

58쪽 　같은 책, 145쪽.

58쪽 　같은 책, 147쪽.

63쪽 　애드리언 리Adrian Lee, "바둑 챔피언을 이긴 알파고의 의미The Meaning of AlphaGo, the AI Program That Beat a Go Champ", 《매클레인스MacLean's》, 2016. 3. 18, http://www.macleans.ca/society/science/the-meaning-of-alphago-the-ai-program-that-beat-a-go-champ/.

64쪽 　존 마코프, "과학자들, 딥 러닝 프로그램에서 가능성을 보다Scientists See Promise in Deep-Learning Programs", 〈뉴욕 타임스New York Times〉, 2012. 1 23, http://www.nytimes.com/2012/11/24/science/scientists-see-advances-in-deep-learning-a-part-of-artificial-intelligence.html.

64쪽 　다니엘라 허낸데즈Daniela Hernandez, "구글이 인공지능을 현실로 만들기 위해 고용한 인물을 소개합니다Meet the Man Google Hired to Make AI a Reality", 《와이어
드》, 2014. 1. 16, http://www.wired.com/2014/01/geoffrey-hinton-deep-
learning/.

68쪽   "위험, 윌 로빈슨, 위험: 〈우주 가족 로빈슨〉Danger Will Robinson Danger—Lost
in Space", 유튜브 영상, 0:31, "timtomp"(게시자), 2009. 4. 19, https://www.
youtube.com/watch?v=RG0ochx16Dg.

68쪽   애나 매트로닉Ana Matronic, 《로봇 유니버스: 전설의 오토마톤과 안드로이드,
고대부터 먼 미래까지Robot Universe: Legendary Automatons and Androids from
the Ancient World to the Distant Future》, 뉴욕New York: 스털링Sterling, 2015, 105쪽.

68쪽   같은 책, 45쪽.

71쪽   빌 콘디Bill Condie, "백스터의 동생 소여, 산업용 로봇에 정교함을 입히다Baxter's
Young Brother Sawyer Brings Finesse to Industrial Robotics", 《코스모스Cosmos》,
2015. 4. 27, https://cosmosmagazine.com/technology/baxter-s-younger-
brother-sawyer-brings-finesse-to-industrial-robotics.

73쪽   에릭 브리뇰프슨Erik Brynjolfsson, 앤드루 맥아피Andrew McAfee, 《제2의 기계
시대: 눈부신 기술 시대의 일, 발전, 번영The Second Machine Age: Work, Progress,
and Prosperity in a Time of Brilliant Technologies》, 뉴욕New York: W. W. 노튼W. W.
Norton, 2014, 32쪽.

75쪽   데이비드 버나드David Bernard, "노년기에 우리를 보살펴 줄 로봇A Robot to Care
for You in Old Age", 〈US 뉴스 앤 월드 리포트US News & World Report〉, 2014. 6.
6, http://money.usnews.com/money/blogs/on-retirement/2014/06/05/
a-robot-to-care-for-you-in-old-age.

76쪽   마리나 코렌Marina Koren, "오픈 소스 수술 로봇 레이븐은 의료를 어떻게 바꿀까
How Raven, the Open-Source Surgical Robot, Could Change Medicine", 《파퓰러
메카닉스Popular Mechanics》, 2012. 2. 28, http://www.popularmechanics.
com/science/health/a7470/how-raven-the-smart-robotic-helper-is-
changing-surgery/.

79쪽   샤히엔 나시리포Shahien Nasiripour, "백악관은 시간당 20달러 미만의
       일자리를 로봇이 대체할 것으로 예상한다White House Predicts Robots May
       Take Over Many Jobs That Pay $20 per Hour", 〈허핑턴 포스트〉, 2016. 2. 24,
       http://www.huffingtonpost.com/entry/white-house-robot-workers_
       us_56cdd89ce4b0928f5a6de955.92.

79쪽   "연구 로봇은 일자리를 빼앗지 않는다Study—Robots Are Not Taking Jobs",
       로보티코노믹스Robotenomics, 2016. 10. 24(접속 일자), https://robotenomics.
       com/2015/09/16/study-robots-are-not-taking-jobs/.

79쪽   스티브 크로Steve Crowe, "로봇은 일자리를 위협하지 않는다: 로드니 브룩스Robots
       Not a Threat to Jobs: Rodney Brooks", 〈로보틱스 트렌드Robotics Trends〉, 2016. 7. 29,
       http://www.roboticstrends.com/article/robots_not_a_threat_to_jobs_
       rodney_brooks.

83–   존 서터John D. Sutter, "9·11은 어떻게 로봇 공학의 새 시대를 열었나How 9/11
85쪽   Inspired a New Era of Robotics", CNN, 2011. 9. 7, http://www.cnn.com/2011/
       TECH/innovation/09/07/911.robots.disaster.response/.

87쪽   에릭 닐러Eric Niller, "로봇의 행동과 느낌이 점점 사람과 비슷해지고 있다Robots
       Are Getting Closer to Having Humanlike Abilities and Senses", 〈워싱턴 포스트〉, 2013.
       8. 5, https://www.washingtonpost.com/national/health-science/robots-
       are-getting-closer-to-having-humanlike-abilities-and-senses/2013/08
       /05/61cb3cdc-8d9d-11e2-9838-d62f083ba93f_story.html.

88쪽   티모시 호냑Timothy Hornyak, "로봇이 방사능 사고 현장에서 중요해진 이유How
       Robots Are Becoming Critical Players in Nuclear Disaster Cleanup", 《사이언스Science》,
       2016. 3. 3, http://www.sciencemag.org/news/2016/03/how-robots-are-
       becoming-critical-players-nuclear-disaster-cleanup.

90–   "미국 방위고등연구계획국 로봇 경진 대회 결승에서 수상한 세 팀Three Teams Take
91쪽   Top Honors at DARPA Robotics Challenge Finals", DARPA, 2015. 6. 7, http://www.
       darpa.mil/news-events/2015-06-06a.

내용 출처

90-
91쪽 에번 애커먼Evan Ackerman, 엔리코 귀초Enrico Guizzo, "미국 방위고등연구계획국
로봇 경진대회: 놀라운 순간, 교훈, 나아갈 방향DARPA Robotics Challenge: Amazing
Moments, Lessons Learned, and What's Next", 《IEEE 스펙트럼IEEE Spectrum》, 2015.
6. 11, http://spectrum.ieee.org/automaton/robotics/humanoids/darpa-
robotics-challenge-amazing-moments-lessons-learned-whats-next.

91쪽 이언 보고스트Ian Bogost, "로봇 카의 숨은 역사The Secret History of the Robot
Car", 《애틀랜틱Atlantic》, 2014. 11, http://www.theatlantic.com/magazine/
archive/2014/11/the-secret-history-of-the-robot-car/380791/.

91-
92쪽 마샤 월턴Marsha Walton, "그랜드 챌린지 완주에 실패한 로봇들Robots Fail to
Complete Grand Challenge," CNN, 2004. 6. 6, http://www.cnn.com/2004/
TECH/ptech/03/14/darpa.race/.

95쪽 버락 오바마, "버락 오바마: 자율주행차를 지지하지만, 안전해야 합니다
Barack Obama: Self-Driving, Yes, But Also Safe", 〈피츠버그 포스트가제트Pittsburgh
Post-Gazette〉, 2016. 9. 19, http://www.post-gazette.com/opinion/Op-
Ed/2016/09/19/Barack-Obama-Self-driving-yes-but-also-safe/
stories/201609200027.

95쪽 조지 세퍼스George Seffers, "로봇이 군인 대신 총알을 맞게 될지도 모른다Robotic
Systems May Take a Bullet for Soldiers", 《시그널Signal》, 2016. 7 .1, http://www.
afcea.org/content/?q=Article-robotic-systems-may-take-bullet-soldiers.

96-
97쪽 러셀 크리스천Russell Christian, "'살상 로봇' 책임 공백The 'Killer Robots' Accountability
Gap", 국제인권감시기구Human Rights Watch, 2015. 4. 8, https://www.hrw.org/
news/2015/04/08/killer-robots-accountability-gap.

96-
97쪽 프란츠스테판 가디Franz-Stefan Gady, "초인간과 살상 로봇: 미 육군이 보는 2050년
전쟁터Super Humans and Killer Robots: How the US Army Envisions Warfare in 2050",
《디플로매트Diplomat》, 2015. 7. 24, http://thediplomat.com/2015/07/super-
humans-and-killer-robots-how-the-us-army-envisions-warfare-in-2050/.

98쪽 존 마코프, 《우아함을 사랑한 기계들》, 117쪽.

100쪽   토마시 노바코프스키Tomasz Nowakowski, "나사에서 원거리 우주 탐사에 휴머노이드 로봇 사용을 고려하고 있다NASA Counting on Humanoid Robots in Deep Space Exploration", Phys.org, 2016. 1. 26, http://phys.org/news/2016-01-nasa-humanoid-robots-deep-space.html.

105쪽   로빈 마란츠 헤니그Robin Marantz Henig, "진짜 변신 로봇들The Real Transformers", 《뉴욕 타임스 매거진New York Times Magazine》, 2007. 7. 29, http://www.nytimes.com/2007/07/29/magazine/29robots-t.html?_r=0.

107쪽   "지보를 소개합니다Meet Jibo", 지보Jibo, 2016. 10. 31(접속 일자), https://www.jibo.com.

105-107쪽   조엘 아첸바흐Joel Achenbach, "소셜 로봇: 화면 중독의 해결책인가, 아니면 그저 기묘한 전자기기일 뿐인가?Social Robots: The Solution to Our Onscreen Addictions, or Just More Digital Weirdness?", 〈워싱턴 포스트〉, 2015. 12. 28, https://www.washingtonpost.com/news/speaking-of-science/wp/2015/12/28/social-robots-the-solution-to-our-screen-addiction-or-more-digital-weirdness/.

111쪽   에릭 소지Erik Sofge, "로봇과 언캐니 밸리의 진실The Truth about Robots and the Uncanny Valley", 《파퓰러 메카닉스》, 2010. 1. 20, http://www.popularmechanics.com/technology/robots/a5001/4343054/.

114쪽   조엘 아첸바흐, "인공지능 불안AI Anxiety", 〈워싱턴 포스트〉, 2015. 12. 27, http://www.washingtonpost.com/sf/national/2015/12/27/aianxiety/.

114-115쪽   요제프 바이젠바움, "일라이저: 인간과 기계 사이의 자연 언어 대화 연구를 위해 만들어진 컴퓨터 프로그램ELIZA: A Computer Program for the Study of Natural Language Communication between Man and Machine", 《커뮤니케이션스 오브 ACMCommunications of the ACM》 Vol. 9, no. 1(1966. 1), 35~36쪽.

115쪽   해리 헨더슨, 《인공지능》, 127쪽.

116쪽   멜리사 콘Melissa Korn, "수업 조교가 로봇이라는 사실을 알게 된다면Imagine Discovering That Your Teaching Assistant Really Is a Robot", 〈월 스트리트 저널Wall Street Journal〉, 2016. 5. 6, http://www.wsj.com/articles/if-your-teachersounds-like-a–robot-you-might-be-on-to-something-1462546621.

117쪽   알렉시스 본시Alexis Boncy, "챗봇의 발달Rise of the Chatbots", 《위크Week》, 2016. 4. 14, http://theweek.com/articles/617833/rise-chatbots.

117쪽   알렉산드라 울프Alexandra Wolfe, "신시아 브리질의 로봇 탐구Cynthia Breazeal's Robotic Quest", 〈월 스트리트 저널〉, 2016. 1. 29, http://www.wsj.com/articles/cynthia-breazeals-robotic-quest-1454094777.

121-122쪽   닐 웅거라이더Neal Ungerleider, "레이 커즈와일 구글에 자리잡다Ray Kurzweil Now on the Job at Google", 《패스트 컴퍼니Fast Company》, 2012. 12. 17, http://www.fastcompany.com/3004071/ray-kurzweil-now-job-google.

123쪽   해리 헨더슨, 《인공지능》, 159쪽.

123쪽   애슐리 밴스Ashlee Vance, "한낱 인간? 그건 옛날이야기Merely Human? That's So Yesterday", 〈뉴욕 타임스〉, 2010. 6. 12, http://www.nytimes.com/2010/06/13/business/13sing.html?pagewanted=all&_r=0.

124쪽   제임스 배럿, 《Our Final Invention: Artificial Intelligence and the End of the Human Era》, 뉴욕New York: 토머스 듄 북스Thomas Dunne Books, 2013, 104쪽 (정지훈 옮김, 《파이널 인벤션: 인공지능 인류 최후의 발명》, 동아시아, 2016).

125쪽   빌 뎃와일러Bill Detwiler, "커즈와일: 2030년의 인간은 생물보다는 기계에 가까울 것입니다Kurzweil: Humans Will Be More Machine Than Biological by the 2030s", 〈테크 리퍼블릭Tech Republic〉, 2008. 7. 16, http://www.techrepublic.com/blog/tr-dojo/kurzweil-humans-will-be-more-machine-than-biological-by-the-2030s/.

125-126쪽   레이 커즈와일, 《The Singularity Is Near: When Humans Transcend Biology》, 뉴욕New York: 펭귄 북스Penguin Books, 2005, 260쪽(김명남, 장시형 옮김, 《특이점이 온다: 기술이 인간을 초월하는 순간》, 김영사, 2007).

126쪽   레이 커즈와일, "유전학, 나노공학, 로봇공학: 특이점의 구성 요소GNR: The Building Blocks of the Singularity", 싱귤래리티 앤 뉴트리션Singularity and Nutrition, 2016. 10. 24(접속 일자), https://sites.google.com/site/singularityandnutrition/gnr-the-building-blocks-of-the-singularity.

126-
127쪽   제임스 배럿, 《파이널 인벤션》, 86쪽.

128-
129쪽   스티븐 호킹, 스튜어트 러셀, 막스 테그마르크, 프랭크 윌첵, "슈퍼인공지능과
            인류의 앞날".

130쪽   "2001 스페이스 오디세이 인용문 모음2001: A Space Odyssey quotes", IMDb, 2017.
            2. 24(접속 일자), http://www.imdb.com/title/tt0062622/quotes.

130-
131쪽   레이 커즈와일, 《특이점이 온다》, 424쪽.

130-
131쪽   조엘 아첸바흐, "인공지능 불안".

138-
140쪽   코비 맥도널드Coby McDonald, "좋은 놈, 나쁜 놈 그리고 로봇: '윤리적' 기계를
            만들려는 전문가들The Good, the Bad, and the Robot: Experts Are Trying to Make
            Machines Be 'Moral,'", 《캘리포니아 매거진California Magazine》, 2015. 6. 4, http://
            alumni.berkeley.edu/california-magazine/just-in/2015-06-08/good-bad-
            and-robot-experts-are-trying-make-machines-be-moral.

140쪽   브라이언 앤더슨Brian Anderson, "학대하는 사람으로부터 로봇을 구하고 싶어
            하는 남자This Guy Wants to Save Robots from Abusive Humans", 〈마더보드
            Motherboard〉, 2012. 10. 27, http://motherboard.vice.com/read/the-plan-to-
            protect-robots-from-human-cruelty.

142-
143쪽   큐비 킹Cubie King, 데이비드 폰 드렐David Von Drehle, "아치 천재 데이비드
            겔런터와 만나다Encounters with the Arch-Genius, David Gelernter", 《타임Time》, 2016.
            2. 25, http://time.com/4236974/encounters-with-the-archgenius/.

142-
143쪽   데이비드 겔런터, "생각하고 느낄 수 있는 기계Machines That Will Think and Fee",
            〈월 스트리트 저널〉, 2016. 3. 18, http://www.wsj.com/articles/when-
            machines-think-and-feel-1458311760.

143쪽   타냐 루이스Tanya Lewis, "인공지능: 친근함? 두려움?Artificial Intelligence: Friendly or
            Frightening?", 〈라이브 사이언스Live Science〉, 2014. 12. 4, http://www.livescience.

내용 출처

com/49009-future-of-artificial-intelligence.html.

142-
143쪽
찰스 오리츠, "인공지능에 위험 경고를 붙일 필요는 없다No AI Warning Label Necessary", 〈테크 크런치Tech Crunch〉, 2015. 4. 13, https://techcrunch. com/2015/04/13/no-ai-warning-label-necessary/.

149-
150쪽
가이아 마리 델 프라도Guia Marie Del Prado, "열여덟 명의 인공지능 연구자가 밝힌 우리 삶에 닥칠 커다란 변화Eighteen Artificial Intelligence Researchers Reveal the Profound Changes Coming to Our Lives", 〈테크 인사이더Tech Insider〉, 2015. 10. 26, http://www.techinsider.io/researchers-predictions-future-artificial-intelligence-2015-10.

더 찾아볼 정보

책

- 데이비드 더프티David Dufty, 《안드로이드 만드는 법: 로봇으로 다시 태어난 필립 K. 딕 이야기How to Build an Android: The True Story of Philip K. Dick's Robotic Resurrection》, 뉴욕New York: 피카도르Picador, 2013.
- 레이 커즈와일Ray Kurzweil, 《How to Create a Mind: The Secret of Human Thought Revealed》, 뉴욕New York: 펭귄Penguin, 2013(윤영삼 옮김, 《마음의 탄생: 알파고는 어떻게 인간의 마음을 훔쳤는가?》, 크레센도, 2016).
- 로버트 그린버거Robert Greenberger, 샌드라 기든스Sandra Giddens, 《인공지능 관련 직업 Careers in Artificial Intelligence》, 뉴욕New York: 로즌Rosen, 2007.
- 릭 리더Rick Leider, 《로봇: 로봇 세계와 로봇이 우리를 위해 어떤 일을 하는지에 대한 탐구 Robots: Explore the World of Robots and How They Work for Us》, 뉴욕New York: 스카이 포니Sky Pony, 2015.
- 마거릿 골드스타인Margaret J. Goldstein, 마틴 기틀린Martin Gitlin, 《사이버 공격Cyber Attack》, 미니애폴리스Minneapolis: 21세기 북스Twenty-First Century Books, 2015.
- 브렌던 재뉴어리Brendan January, 《Information Insecurity: Privacy under Siege》, 미니애폴리스Minneapolis: 21세기 북스Twenty-First Century Books, 2016(이가영 옮김, 《클릭! 비밀은 없다》, 다른, 2016).
- 애나 매트로닉Ana Matronic, 《로봇 유니버스: 전설의 오토마톤과 안드로이드, 고대부터 먼 미래까지Robot Universe: Legendary Automatons and Androids from the Ancient World to the Distant Future》, 뉴욕New York: 스털링Sterling, 2015.
- 앤드루 카람Andrew P. Karam, 《인공지능Artificial Intelligence》, 뉴욕New York: 첼시 하우스 Chelsea House, 2012.

- 제리 카플란Jerry Kaplan, 《*Humans Need Not Apply: A Guide to Wealth and Work in the Age of Artificial Intelligence*》, 뉴헤이븐New Haven: 예일대학교 출판부Yale University Press, 2015(신동숙 옮김, 《인간은 필요 없다: 인공지능 시대의 부와 노동의 미래》, 한스미디어, 2016).

- 조던 D. 브라운Jordan D. Brown, 《로보 월드: 로봇 디자이너 신시아 브리질 이야기*Robo World: The Story of Robot Designer Cynthia Breazeal*》, 워싱턴 D.C.Washington, D.C.: 조셉 헨리Joseph Henry, 2006.

- 캐시 세서리Kathy Ceceri, 《*Robotics: Discover the Science and Technology of the Future with 20 Projects*》, 버몬트 화이트 리버 정크션White River Junction, VT: 노매드 Nomad, 2012(김의석 옮김, 《꿈꾸는 10대를 위한 로봇 첫걸음: 로봇으로 만나는 미래 과학과 기술》, 프리렉, 2017).

- 해리 헨더슨Harry Henderson, 《인공지능: 마음의 거울*Artificial Intelligence: Mirrors for the Mind*》, 뉴욕New York: 첼시 하우스Chelsea House, 2007.

웹사이트

- AI 토픽스

  http://aitopics.org

  인공지능발전협회AAAI, Association for the Advancement of Artificial Intelligence에서 운영하는 웹사이트다. 인공지능의 역사를 비롯해 뉴스에 나온 인공지능, 게임이나 퍼즐에 나온 인공지능, SF 속 인공지능, 로봇에 쓰이는 인공지능 등 여러 주제를 다룬다.

- IBM 왓슨

  http://www.ibm.com/watson/

  IBM 왓슨이 배우고 질문에 답하는 방식을 볼 수 있다. 왓슨의 미래에 대한 비디오도 있다.

- 로보 브레인

  http://robobrain.me/#/

  뉴욕 코넬대학교 과학자들이 만든 지식 저장소다. 로봇으로 하여금 서랍을 열거나 옷을 옷걸이에 거는 등 일상적인 일을 하도록 훈련한다. 로보 브레인은 이 웹사이트를 통해 자기소개도 하고 자신이 학습하는 방법을 설명하거나 최근 익힌 개념을 알려 준다.

- 로봇 명예의 전당

  http://www.robothalloffame.org/inductees.html

  카네기멜런대학교 로봇 명예의 전당에는 셰이키, 빅독처럼 실제로 만들어진 로봇은 물론 〈스타트렉: 넥스트 제너레이션〉의 데이터 소령 같은 가상 로봇의 이름도 올라 있다. 이 웹사이트를 방문하면 이처럼 로봇 명예의 전당에 이름을 올린 로봇들에 대해 배울 수 있다.

- 로보틱스: 사실들

  http://idahoptv.org/sciencetrek/topics/robots/facts.cfm

  아이다호 공영 방송에서 운영하는 웹사이트로 로봇공학, 나노봇, 인공지능에 대해 그림과 함께 쉽게 설명해 준다. 게임, 자주 묻는 말, 비디오, 용어 사전 등도 제공한다.

- 어린이를 위한 로봇

  http://www.sciencekids.co.nz/robots.html

  로봇 관련 게임, 프로젝트, 퀴즈, 실험에 관한 자료를 제공한다. 로봇 공학의 역사와 여러 로봇을 다룬 글도 볼 수 있다.

- 인공지능이란 무엇인가?

  https://www.kidscodecs.com/what-is-artificial-intelligence/

  온오프라인 잡지 《키즈, 코드 앤 컴퓨터 사이언스*Kids, Code, and Computer Science*》에서 운영하는 웹사이트다. 인공지능의 쓰임새, 인공지능이 미칠 좋은 영향과 나쁜 영향 등을 다룬다. 인공지능 관련 글들도 링크되어 있다.

- 인공지능이란 무엇인가?

  http://www.pitara.com/science-for-kids/5ws-and-h/what-is-artificial-intelligence/

  피타라 키즈 네트워크Pitara Kids Network에서 운영하는 웹사이트다. 인공 신경망과 튜링 테스트를 알기 쉽게 설명해 준다.

영화

- 〈2001 스페이스 오디세이2001: A Space Odyssey〉. DVD. Beverly Hills, CA: Metro-Goldwyn-Mayer, 1968.

  SF 영화의 고전으로, 함께 목성 탐사 계획을 수행하던 인간 동료들을 죽이는 똑똑한 컴퓨터 할9000이 등장한다.

- 〈그녀Her〉. DVD. Los Angeles: Annapurna Pictures, 2013.

  이 SF 영화의 주인공은 인공지능과 사랑에 빠진다. 기계가 점점 똑똑해지고 사람과 닮아 가는 요즘 시대에 꽤 설득력 있는 이야기다.

- 〈사이버 세상에 대한 몽상Lo and Behold: Reveries of the Connected World〉. DVD. Venice, CA: Saville Productions, 2016.

  각종 영화제에서 수상한 베르너 헤어초크Werner Herzog 감독이 만든 다큐멘터리로, 로봇과 인공지능의 미래와 로봇과 인공지능이 인간 사회에 미칠 영향을 다룬다.

- 〈와지리스탄의 상처Wounds of Waziristan〉. DVD(국내 미출시). New York: Madiha Tahir, Parergon Films, 2013.

  이 다큐멘터리 영화는 미국의 군사용 드론이 실수로 민간인을 다치게 하거나 죽이는 모습을 보여 준다. 아직은 사람이 드론을 조종하지만, 미래에는 스스로 판단해 목표물을 공격할 만큼 지능을 갖춘 드론이 등장할지도 모른다.

- 〈엑스 마키나Ex Machina〉. DVD. Universal City, CA: Universal Pictures, 2015.

  튜링 테스트를 하는 컴퓨터 과학자가 나오는 스릴러 영화다. 이 과학자는 여성의 외모와 행동을 갖춘 인공지능의 능력과 지각을 평가하는 임무를 맡는다.

- 〈지구에서 가장 똑똑한 기계Smartest Machine on Earth〉. DVD(국내 미출시). Boston: WGBH Educational Foundation, 2011.

  이 다큐멘터리는 켄 제닝스, 브래드 루터와 〈제퍼디!〉 경기를 치르기 위해 준비하는 왓슨의 모습을 담았다. 왓슨 같은 기계를 만드는 데 드는 노력과 앞으로 인공지능이 향할 방향을 보여 준다.

찾아보기

사진 출처

- 8쪽 ⓒ iStockphoto.com/iLexx
- 11쪽 AP Photo/Seth Wenig
- 18쪽 REUTERS/Maxim Zmeyev
- 20쪽 REUTERS/John Gress
- 24쪽 ⓒ Harper's new monthly magazine/Volume 30, Issue 175, p.34/ Wikimedia Commons (Public Domain)
- 26쪽 Library of Congress (LC-USZ62-45687)
- 28쪽 ⓒ The Ada Picture Gallery/Wikimedia Commons (Public Domain)
- 30쪽 The Granger Collection, New York
- 33쪽 ⓒ Time & Life Pictures/The LIFE Images Collection/Getty Images
- 43쪽 ⓒ Doug Wilson/CORBIS/Getty Images
- 46쪽 ⓒ TIMOTHY A. CLARY/AFP/Getty Images
- 50쪽 ⓒ iStockphoto.com/alengo
- 52쪽 ⓒ Jim Wilson/The New York Times/Redux
- 54쪽 ⓒ Frederic Lewis/Getty Images
- 56쪽 ⓒ Dan McCoy/Rainbow/SuperStock
- 63쪽 ⓒ Google/Getty Images
- 66쪽 Photo Researchers/Alamy Stock Photo
- 68쪽 United Archives GmbH/Alamy Stock Photo
- 72쪽 Jessica Brandi Lifland/Polaris/Newscom
- 77쪽 ⓒ Cmglee/Wikimedia Commons (CC BY-SA 3.0)
- 82쪽 U.S. Air Force photo/Master Sgt. Piper Faulisi
- 89쪽 ⓒ Chip Somodevilla/Getty Images
- 94쪽 ⓒ Mark Wilson/Getty Images

사진 출처

수상한 인공지능

AI는 세상을 어떻게 바꿀까

초판 1쇄 발행 2018년 3월 30일
초판 2쇄 발행 2018년 10월 15일

지은이 스테퍼니 맥퍼슨
옮긴이 이가영
펴낸이 김한청

편집 박윤아
디자인 김경년
펴낸곳 도서출판 다른

출판등록 2004년 9월 2일 제2013-000194호
주소 서울시 마포구 동교로27길 3-12 N빌딩 2층
전화 02-3143-6478 팩스 02-3143-6479 이메일 khc15968@hanmail.net
블로그 blog.naver.com/darun_pub 페이스북 /darunpublishers

ISBN 979-11-5633-193-3 43500